无线自组织网络多信道动态接入技术

赵海涛　张少杰　李佳迅　魏急波　著

科学出版社
北京

内 容 简 介

本书重点介绍无线自组织网络中的多信道动态接入技术，从网络架构、多信道的构建、多信道的协商和利用，以及性能评估和优化等方面进行阐述。力求回答如何选择或适应网络架构、如何构建多信道、如何使用多信道、如何优化多信道网络性能等几个问题。本书的主要内容包括多信道 MAC 协议和路由协议框架及分类，基于忙音、控制信道和控制窗口的三种典型多信道接入技术，多信道盲汇聚技术，信道带宽自适应技术，多信道质量排序问题，结合认知网络的跨层性能优化问题、端到端通信中的多信道分配问题，以及多信道通信和组网的演示案例等。

本书可作为高等院校信息与通信工程、计算机网络等专业高年级本科生和研究生的教材，也可供无线通信网络领域的技术人员和科研人员参考。

图书在版编目 (CIP) 数据

无线自组织网络多信道动态接入技术/ 赵海涛等著. —北京：科学出版社，2018.8
ISBN 978-7-03-058238-6

Ⅰ. ①无⋯ Ⅱ. ①赵⋯ Ⅲ. ①无线电通信-多信道-无线接入技术 Ⅳ. ①TN92

中国版本图书馆 CIP 数据核字(2018)第 143279 号

责任编辑：王 哲 王迎春 / 责任校对：郭瑞芝
责任印制：张 伟 / 封面设计：迷底书装

科学出版社 出版
北京东黄城根北街 16 号
邮政编码：100717
http://www.sciencep.com

北京凌奇印刷有限责任公司 印刷
科学出版社发行 各地新华书店经销

*

2018 年 8 月第 一 版 开本：720×1 000 B5
2020 年 4 月第三次印刷 印张：12 插页：4
字数：241 000
定价：**109.00 元**

(如有印装质量问题，我社负责调换)

前　言

　　无线自组织网络的正常运行往往不依赖于任何特殊节点,当一些节点离开或加入时均能够实现动态调整,其显著特征为自配置、自优化和自愈。自组织网络既可作为传统有线网络的延伸,也可以独立工作并灵活地扩展到许多应用领域,在军事和民用领域都有重要意义。近年来,网络节点的大量增加和流量杀手级应用的兴起使得对高速无线网络的需求急剧增加,大量接入点及移动节点聚集在同一区域会产生严重的干扰,造成网络性能急剧下降,对网络吞吐量及公平性产生很大影响,这种情况在高物理层速率的无线网络中尤为突出。多信道动态接入技术是解决上述问题很好的方案。

　　多信道动态接入是指网络中的节点可以在互不干扰的多条无线信道上进行通信、接入网络,从而可以显著降低高密度网络中的数据碰撞概率。无线自组织网络多信道动态接入技术为未来高密度、高容量、高效率、大带宽无线通信与网络系统设计提供了一条全新的途径,在提升用户吞吐量、提高频谱资源利用率和抗干扰组网等方面具有重要意义。无线自组织网络中的多信道动态接入技术需要解决四个本质性的问题:多信道通信和组网架构,即采用什么样的网络架构进行多信道组网;如何构建多信道,即如何将整个可用频带进行拆分或者将多个子频带进行聚合使用,以高效地利用频谱资源进行组网;如何使用多信道,即如何将多信道分配给网络用户,并协调不同用户利用多信道并行通信;如何评估多信道网络的能力,即如何综合考虑多信道无线网络中的时、频等多维可用资源,确定其对业务端到端服务质量的支持能力。本书的研究内容围绕回答上述问题展开,力求在多信道组网的技术和应用上让读者有全面清晰的了解。

　　本书共 10 章。第 1 章介绍多信道无线自组织网络的内涵、意义和趋势。第 2章主要介绍多信道 MAC 协议和路由协议框架及分类,希望读者能了解在确定网络架构时需要考虑的因素。第 3～5 章主要回答如何利用多信道这个问题,即通过接入协议进行信道分配。其中,第 3～4 章介绍三种代表性的多信道接入技术,包括基于忙音的、基于控制信道的和基于最优窗口的多信道接入技术;第 5 章介绍不需要任何公共信道或时隙即可实现握手通信的多信道盲汇聚技术,该技术对提高多信道网络的抗干扰能力有重要意义。第 6～7 章考虑了异构多信道的构建和选择问题,其中,第 6 章介绍多信道机制中的信道带宽自适应技术,实现以子载波为粒度的多信道构建;而第 7 章考虑异构信道(包括信道带宽、信噪比、可用功率等因素)的信道质量排序问题。第 8 章将多信道网络中的信道分配和盲汇聚技术相结合,以解决实际端到端通信中遇到的问题。第 9 章将多信道组网与认知技术紧密结合，介绍其中的跨层性能优化问题，重点介绍多信道自组织网络中用户对信道的认知时间耗费与其数据吞吐量之间的折中问题。第 10 章通过软硬件平台介绍多信道通信和组网的应用案例，并对全书进行总结和展望。

本书的研究内容获得了国家自然科学基金（No. 61471376）的资助，在此表示感谢。由于无线自组织网络多信道动态接入技术正在快速发展，加上作者水平有限，本书难免存在一些不足之处，恳请各位读者批评指正。

作　者

2018 年 6 月于长沙

目　　录

无线网络中的多信道就像马路上的多条行车道，可以在很大程度上避免交通中的碰撞。

第1章 绪　　论

1.1　无线自组织网络的概念与趋势

自组织网络中的节点能够自主观察、自主决策从而适应变化。自组织网络的最早提出启发于生物的行为，通过模拟生物对外部环境的学习能力，进而做出适应环境变化的决策。广泛意义上的自组织是一种网络运行的目标，既可以在分布式网络架构中实现，也可以在集中式网络架构中实现。

1.1.1　分布式自组织网络

分布式自组织网络即人们所熟知的 Ad hoc 网络。Ad hoc 网络的起源可以追溯到 1968 年的 ALOHA 网络和美国国防部高级研究计划局(Defense Advanced Research Project Agency，DARPA)从 1973 年开始研究的分组无线电台网络(packet radio network，PRNET)。在这之后，DARPA 于 1983 年启动了高残存性自适应网络(survivable adaptive network，SURAN)项目，研究如何将 PRNET 的成果加以扩展以支持更大规模的网络，并开发能够适应战场快速变化环境的自适应网络协议。为了进行持续的研究，1994 年，DARPA 又启动了全球移动信息系统(global mobile information systems，GloMo)项目，对能够满足军事应用需要的、可快速展开、高抗毁性的移动信息系统进行全面深入的研究。电气和电子工程师协会(Institute of Electrical and Electronics Engineers，IEEE)后来采用"Ad hoc 网络"一词来描述这种特殊的自组织、对等式、多跳无线移动通信网络。

与传统的移动通信系统相比，Ad hoc 网络无须任何固定基础设施的支持，仅由带有无线收发装置的通信终端(本书统称节点)组成，共同承担网络构造和管理功能，这些节点除了完成传统网络节点所涉及的所有功能外，还起着路由器的信息转发作用，具有对无线资源的空间复用能力。整个通信网络的正常运行不依赖于任何特殊的节点，当一些节点离开或加入时均能够实现动态调整。从体系结构和工作方式来看，Ad hoc 网络的主要特征包括：分布式及自组织性、网络拓扑结构动态变化、带宽受限且易变、支持多跳通信以及安全性较差等。

Ad hoc 网络的分布式及自组织特性提供了快速、灵活组网的可能，其多跳转发特性可以在不降低网络覆盖范围的条件下缩小每个节点的发射范围，并且网络的鲁棒性、抗毁性满足了某些特定应用需求，因此，Ad hoc 网络早期主要应用于军事领域。到了 20 世纪 90 年代中期，Ad hoc 网络才逐渐扩展到民用领域，随着技术的开放和深入，近年来更是引起了越来越多的关注。目前 Ad hoc 网络的应用领域迅速扩大，如与商用蜂窝网结合产生的无线网状网络、无线局域网、无线个人区域网以及无线传感器网络等。

1.1.2 LTE 中的自组织网络

在 LTE(long term evolution)的发展过程中，运营商也提出了一套完整的网络理念和规范自组织网络(self-organizing network，SON)。SON 的主要思路是实现无线网络的一些自主功能，减少人工参与，降低运营成本。

SON 的功能主要可以归纳为自配置、自优化、自愈。

自配置：指从设备安装上电到用户设备能够正常接入进行业务操作，在很少或者完全没有工程人员干预的前提下完成。它简化了新站开通调测流程，减少了人为干预环节，降低了对工程施工人员的要求，目标是做到即插即用，真正降低开站难度，从而减少运维成本。自配置功能包括：站点位置智能选择、插入网元时自动生成系统设定参数、家庭 eNode B(evolved node B)的自配置等。

自优化：根据用户设备(user equipment，UE)和基站 eNode B 的性能测量等网络运行状况对网络参数进行自我调整优化，以达到提高网络性能和质量以及减少网络优化成本的目的。自优化功能包括：干扰协调、物理信道的自优化、随机接入信道优化、准入控制参数优化、拥塞控制参数优化、分组调度参数优化、链路层重发方案优化、覆盖间隙侦测、切换参数优化、负载均衡、家庭 eNode B 的自优化等。

自愈：通过对系统告警和性能的检测发现网络问题，并自检测定位，部分或者全部消除问题，最终实现对网络质量和用户感受的最小化影响。自愈功能包括：小区停用预测、小区停用侦测、小区停用补偿。

1.2　多信道组网的内涵与意义

移动节点的大量增加和流量杀手级应用的兴起使得对高速无线网络的需求急剧增加。虽然运营商对 3G、4G 做了大量投入和基础建设，但仍很难满足数据流量爆炸式增长的需求。扩展现有蜂窝网之外的方式对移动数据进行分流，已成为未来移动通信发展的必然趋势。WiFi 由于其高速率、低成本及易部署等特点成为数据分流的有效方式和首要选择，在一些热点区域，运营商或企业、个人将部署更多的无线接入点以扩大网络覆盖范围和容量。因此，移动节点和接入点的密度都不断增加，形成的高密度 WiFi 逐渐增多。然而，大量接入点和移动节点聚集在同一区域会产生严重的干扰，造成网络性能急剧下降，对网络吞吐量及公平性产生很大影响，这种情况在高物理层速率的无线网络中尤为突出。

多信道无线网络是解决上述问题的很好方案，在 2011 年 MobiCom 的一篇文章中，研究人员利用正交频分复用(orthogonal frequency division multiplexing，OFDM)多载波调制技术实现了多信道通信，极大地减少了信道竞争的时间开销[1]。而近年来随着认知无线电技术和高带宽无线网络的发展，智能通信节点可以利用频谱空洞进行动态接入，这些频域上非连续的频谱空洞自然形成了多信道，使得多信道动态接入的并行通信无线网络愈发成为目前无线网络的一个重要发展趋势。这其中的典型代表是 2014 年的 IEEE 802.11ac 标准提案。为了在高度竞争的无线网络中实现更高的吞吐量，IEEE 802.11ac 支持将 160MHz 的单信道频带拆分为 8 个 20MHz 的子信道并行传输。近年来的 IEEE 802.11ad/af 等高速媒体接入控制(medium access control，MAC)协议和标准也都支持多信道接入，以及信道的分割和聚合。

除了上述商用 WiFi，多信道动态组网也由于其在抗干扰和提高组网效率上的优势，在一些军事等特殊用途的无线自组织网络中有广泛的应用前景。首先，当存在对某频段信道的恶意干扰时，可以利用其他未受干扰的信道动态接入以降低干扰的影响；其次，即使不存在恶意干扰，在同一区域内的多对通信设备也可以采用不同的信道进行传输，从而一定程度上有效地避免信道冲突，提高网络吞吐量。另外，在多信道网络中通过自适应地对无线信道资源进行规划和调度，可以利用多信道并行传输的方式为用户提供更高的端到端的服务质量。

综上所述，多信道组网技术既可应用于 WiFi，也可用于分布式自组织网络，将为未来高密度、高容量、高效率、大带宽无线通信与网络系统设计提供一条全新的途径，在提升用户吞吐量、提高频谱资源利用率和抗干扰组网等方面具有重要意义。

1.3　多信道组网现状分析

有关无线网络中利用多信道进行组网的早期研究始于 20 世纪 80 年代末[2]，但由于该技术需要物理层提供多个互不干扰的信道，并可快速切换，它并没有得到广泛应用。近年来，随着物理层技术的发展和认知无线网络研究的兴起，多信道无线网络技术又一次引起关注，并获得了重要进步。目前相关研究的重点包括：多信道无线网络容量分析、多信道动态接入与资源分配、带宽自适应技术等。

1.3.1 多信道无线网络容量分析

目前的研究思路与 Gupta 和 Kumar 对单信道网络的容量分析[3]一脉相承,主要分析的是增长规律(scaling law)问题,即网络容量随着网络节点数目的增加、信道数目的不同而发生变化的规律。目前最完整的工作由 Kyasanur 等[4]给出,他们研究了信道个数 c 与射频接口个数 m 的比值对网络容量的影响,结果表明当 c/m 的值不同时,多信道网络的容量不尽相同:在任意网络中,当每个节点所具有的接口数小于信道数时,网络容量会有一定的损失,而且该损失会随着 c/m 值的增大而增大;而在随机网络中,当 c/m 值小于 $\log n$ 时,网络容量满足 Gupta 和 Kumar 推出的容量界限 $\Theta(W\sqrt{n/\log n})$ bit/s,其中 n 为网络中节点数目,W 为信道带宽,这种情况下网络的容量与每个节点的可用接口数无关,但是当 c/m 值继续增大后,仍会出现容量的损失。直观地说,当信道数目不是很多时,一个接口就足够利用所有这些信道;但是实际网络中还存在接口切换延时,针对这一问题 Kyasanur 等学者得到的结论是接口延时造成的容量损失可以通过在每个节点上使用多个接口来避免。

除了分析增长规律问题,由于网络业务种类和需求的日趋多样化,有针对性地进行个性化服务的重要性也不断增强,因此,从单个用户的角度分析它能获得的端到端容量或吞吐量的研究也逐渐受到重视。这部分研究仍然从单信道网络开始,研究的主线是不断准确考虑非理想的网络情况,确定用户的可达吞吐量[5-7]。我们也在2013 年基于前人的研究成果,完成了贴近实际情况的较完整的端到端吞吐量分析模型,系统地定量分析了节点密度、隐藏节点问题、捕获效应等无线网络中关键要素对端到端吞吐量的影响[8]。将动态接入过程加入到单信道网络,然后扩展其进行认知无线网络吞吐量分析,是目前最普遍的研究思路,这些工作分别针对 Underlay、Overlay 和 Interweave 等几种具体的接入策略分析其可能达到的最优吞吐量和参数优化方法,针对某一用户动态接入某一信道的场景,而目前针对多信道并行无线网络分析业务可获得的端到端性能的研究还非常欠缺。

1.3.2 多信道动态接入与资源分配

目前有代表性的工作按照其进行信道、射频接口等资源的分配和协商的特点可划分为静态、动态和混合类多信道组网技术。静态组网技术让每个节点的接口都固定在一组公共信道上,其优点是简单、扩展性好,其中的代表性工作如文献[9]。但这种方法的信道利用率低,不适合动态变化的无线网络环境。动态组网弥补了静态组网中信道利用率低的缺点。最早利用动态信道切换的协议是 RDT(receiver directed transmission)[2],它假设每个节点仅有一个接口,然后要求每一个节点都有一个在空闲时进行侦听的静态信道。当有数据要进行传输时,发送节点就会切换它的接口到目的接收节点的静态信道上，然后使用一个正常的单个信道 MAC 协议(如 802.11)进行数据传输.但是 RDT 协议面临着多信道的隐藏节点和不能实时侦测相邻信道的使用状况等问题.后续工作也不断提出新的动态组网方案，试图解决这两个问题.SSCH(slotted seeded channel hopping)[10]的节点依据信道跳变表切换信道，通过交换和更新跳变表，避免发生碰撞；MMAC(multi-channel MAC)[11]在每个传输周期开始时协商选定通信节点对及信道，可以避免多信道隐藏节点问题.动态分配的缺点是需要复杂的时间同步和协调机制，因此扩展性差，不适用于大规模的网络.混合类多信道组网技术结合了动态和静态的特点，可以在这两种技术的性能间进行灵活的折中，这其中的典型代表是文献[12].混合信道分配的挑战在于信道分配的权衡和切换的协调等带来了设计和实现的复杂性.AMC(adaptive multi-channel)[13]协议进一步通过带宽相等的信道进行聚合和分裂这两个操作，解决了多信道 MAC 在竞争信道时控制信道上的拥塞问题，减小了碰撞发生的概率，提高了吞吐量.

上述信道和接口的分配方案主要从用户的角度研究了局部最优的资源分配方法.为了从网络的角度设计全局优化的资源分配方案，我们针对集中式网络，结合极大独立集收敛速度快和遗传算法在搜索最优解方面的优势，提出了一种集中式信道分配算法；同时针对分布式网络，在已知全局信息和仅知局部信息两种情况下，分别设计了基于博弈论的信道分配方法.整体而言，在目前已有的信道、接口资源分配研究中，都是假设可用频谱被条状分割成多个具有固定带宽的无线信道.由于用户对带宽需求不同，这种固定的划分方式会降低无线资源的利用率，而带宽自适应技术能很好地解决这一问题.

1.3.3 带宽自适应技术

带宽自适应技术可以根据实际应用需求，将一个信道的带宽分割或者将多个子信道聚合成一个信道使用.该技术能够根据链路的传输距离、负载大小和网络性能等情况，选择合适的带宽来最大化吞吐量，它也被认为是未来认知无线网络所必须具备的功能之一.在 2008 年，微软公司的 Chandra 等[14]首先在商用 802.11 器件上配置出 5MHz、10MHz、20MHz 与 40MHz 的信道带宽，然后通过实验测量验证了设置不同信道带宽的一些好处：窄带宽的信号较宽带宽的信号传输距离长，穿透性好；当频谱的某一区域出现过强噪声的时候，可以调节信道带宽，避免该频率处的干扰；通过将频谱分成多个窄带宽的信道，可以解决多速率网络中不同速率链路之间的公平性问题等.正是认识到了在不同情景下改变信道带宽带来的诸多好处，3GPP(3rd generation partnership project)在 LTE-A 标准中引入了载波聚合技术，可以同时聚合使用两个或多个 LTE 射频信道以实现高速传输，IEEE 802.11n 标准也增加了简单的信道聚合技术，允许节点在 5GHz U-NII 的频段将原有相邻的两个 20 MHz 的信道聚合在一起，形成一个 40 MHz 的信道，它的主要目的是支持高速 WLAN(wireless local area network)。微软亚洲研究院的工作 FICA (fine-grained channel access)[15]同样针对高速 WLAN 中接入点如何将可用带宽分配给与之相关联节点的问题进行了研究，提出了更加精细的策略。它使用 WLAN 中的协调机制，基于 OFDM 的物理层架构进行带宽自适应，同时保证了各信道间的正交性。尽管信道带宽可以自适应变化，但它假设在每一次接入时各信道的带宽是相同的(频谱资源在各信道间均分，各信道带宽的变化也意味着信道数的变化)。与之类似的最新研究进展还包括美国加州大学的 Jello[16]、斯坦福大学的 Picasso[17]和微软研究院的 WiFi-NC[18]系统等，它们同样是基于 OFDM 或 OFDMA (OFDM access)的基本框架实现信道带宽的自适应调节。其中，Jello 系统是基于 OFDMA 系统设计的分布式动态频谱接入系统，实现了三路并行无线传输，验证了并行通信在提高频谱效率和抗干扰性能方面的提升作用。Picasso 与 WiFi-NC 系统的基本思路类似，都是利用分割技术将宽频带信道划分为多个相互独立的子信道，在这些子信道可以进行互不干扰的并行传输。最近的研究将带宽自适应问题考虑得更加全面，在 2013 年 MobiCom 的一篇文章[19]中，作者在频谱分配时考虑了频率分集和子载波间的干扰。

从 2009 年开始，作者所在团队也对认知无线网络、多信道动态接入和带宽自适应方面进行了研究[20-34]，与之前的研究不同，我们研究了支持在每一次接入时各并行信道的带宽可以相异的多信道 MAC 协议，并初步设计了精细到以子载波为粒度的带宽自适应和多信道并行接入的协议框架。目前关于信道带宽自适应的研究主要是致力于在频域上支持更小粒度的带宽调节，以为多信道的构建提供更大的灵活性。

1.4　应用场景与发展趋势

1.4.1　应用场景

1. 高密度物联网中的多信道组网

在大规模的无线通信网络中，高密度的移动智能节点和有限的频谱资源之间的矛盾日益严峻。多信道 MAC 协议设计为解决多个节点同时进行数据传输问题提供了良好的支撑。

在如图 1.1 所示的典型物联网中，存在以下三种不同类型的节点：①中心节点，其在网络中负责收集分布式节点上传的信息，具有较高的计算能力，能够指导分布式节点的具体行为；②固定的分布式节点，此类节点位置固定不变，如摄像头和环境监测传感器等；③移动的分布式节点，此类节点位置处在实时动态变化当中，如手机、汽车等。节点的移动性将造成节点的干扰范围动态变化。网络中的所有分布式节点进行数据采集、环境监控等，并将信息上传于中心节点。

固定的分布式节点　　移动的分布式节点　　中心节点

图 1.1　高密度网络中的系统模型

高密度网络中分布式信道的选择面临以下亟待解决的问题。

(1)考虑到信道异质性,信道分配在减小接入概率的同时保证每个节点分配到最为合适的信道,满足节点动态的服务质量(quality of service,QoS)需求。

(2)信道分配能够灵活地调整分配方案,以应对节点的加入、离开和恶意节点的攻击,并最大化信道利用率。

我们将在第 7 章和第 8 章详细介绍上述问题的解决方案。

2. 大规模无人机集群的多信道组网

无人机近年来得到了快速发展。美国国防部已连续发布七版无人机/无人系统路线图,已公布的包括"2013—2038 年无人系统综合路线图"等,稳步推进美军无人作战力量建设。这些路线图都将无人机集群作为一个重要发展内容,指出无人机作为一个信息节点必将连接未来的全球信息栅格,将以 Ad hoc 网络拓扑进行通信自组网,先后上马了"低成本无人机集群技术""小精灵(Gremlins)""山鹑(Perdix)""进攻性蜂群使能战术"等项目。日本于 2015 年发布了《机器人新战略》,明确机器人要与信息技术融合发展,开创自律化、数据节点化、网络化的机器人技术,推进机器人的相互联网,并在《日本再兴战略 2016 概要》中提出 3 年内实现无人机物流宅配。我国在前沿科技创新规划中也非常重视无人系统的发展,2017 年国家自然科学基金委员会设立重点项目来支持无人机的协同组网研究。

在商业领域,面向普通民众的消费级无人机产品已随处可见,在农业、森林防火、交通监视等专业级产品方面各企业间的竞争也日趋激烈,导致无人系统成本的急速下降和产品的普及。在 2016 年 11 月珠海航展上,中国电科集团联合多家单位展示了 67 架无人机集群试验模型；2017 年 1 月，美军公布了其 103 架微型无人机组成的协同集群的测试结果，展示了无人机集群可以自适应地通信和编队飞行。2017 年 6 月中国电科集团成功完成了 119 架无人机集群飞行试验。2017 年 12 月的财富全球论坛欢迎酒会上，1180 架旋翼无人机编队在广州塔前令人惊艳地表演了"科技舞蹈"。在军事领域，无人系统更是未来战场的重要组成部分，不仅可作为实时、主动、全天候地探测和收集各类军事情报的重要手段，更能协助各类作战平台完成战略支援、信息对抗和火力攻击等高难度任务。2018 年 1 月，俄罗斯在叙利亚的军事基地首次遭到 13 架固定翼无人机攻击，这标志着无人机集群开始走进战场。无论商业领域还是军事领域，无人系统未来的一个重要发展趋势是由独立工作向无人系统的集群协同工作发展。

　　无人机间的协同首先要解决的是通信问题，随着无线环境的日益复杂，特别是存在恶意干扰的情况，需要其通信模块能敏捷自主地适应可能存在竞争和干扰的复杂电磁环境，始终保持单个无人系统与控制中心之间、无人系统集群内各节点之间、集群与集群之间的信息传输。其次要解决的是大规模的灵活组网问题(图 1.2)。在大规模无人系统中，产生的数据量非常庞大，而且往往具有突发性，因而对公用无线媒介的竞争会非常激烈。多信道无线组网既可减少密集用户间的干扰，也可提高网络接入的灵活性和资源利用率，为未来高密度无人系统通信与组网提供一条全新的途径，在提升用户吞吐量、提高频谱资源利用率和抗干扰组网等方面具有重要意义。

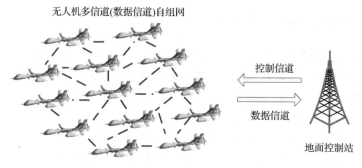

图 1.2　大规模无人机多信道组网示意图

1.4.2　发展趋势

　　容量估计从"面"到"点"，即从求解面向整个网络的容量限向定量化分析针对用户的端到端有效容量发展。以前关于多信道网络容量的分析都是针对整个网络容量的增长规律，完成的是网络聚合容量上限的定性分析。然而，随着网络业务种类的日趋多样化和运营商对用户资源竞争的日趋激烈，对不同网络用户有针对性地进行人性化服务的重要性也不断增强，因此，目前更需要从单个用户的角度定量分析它能获得的端到端有效容量。

信道的构建向更精细粒度方向发展。目前已有的多信道网络协议和标准大部分都是以子信道这一较粗的粒度进行信道的分割或聚合，在资源利用率和灵活性上都存在严重不足。随着对网络资源竞争的日趋激烈，高效利用资源的需求也越来越高，近年来更细粒度的信道带宽自适应技术成为一个重要发展趋势，而且带宽细粒度调节的维度也从原来的频域向时、频域两个维度发展。该技术可为信道构建提供更大的灵活性，为高效利用无线资源提供更大的空间。

物理层带宽自适应技术和 MAC 层多信道接入机制的一体化设计。多信道动态接入和带宽自适应技术以往的研究还相对独立，而在实际组网中，带宽自适应技术为 MAC 协议设计带来了更大的难度，也使得两者的结合更加密切：信道带宽自适应机制决定了 MAC 层可接入的信道数目和带宽，而 MAC 层也可根据上层用户需求指导信道的构建和带宽的自适应粒度。如果将两者进行结合和迭代优化，可进一步提高网络对用户的服务能力和信道资源的利用效率。

多信道并行传输与认知网络的自然结合。认知无线电等新技术可以动态感知和机会接入频谱空洞（离散的频谱资源），使得无线媒体自然就形成频段不连续的多信道，也就要求认知无线电设备必须具备多信道动态接入能力。因此，多信道并行传输和认知无线电与认知网络也自然而言地结合在一起，这也是今后的研究热点。

多信道并行传输为多用户协作通信提供了更大的空间。一方面，并行传输和协作通信作为从不同维度完成网络扩容的重要手段，在未来无线网络中必然共存，技术的发展需要它们自然结合。另一方面，并行传输网络中必然需要用户间的协调，它与协作通信的结合有着天然的优势，而且多信道并行通信能力也会为协作通信提供更大的灵活性。

1.5　多信道组网需要解决的问题

无论在蜂窝、WiFi，还是在自组织网络中，多信道并行通信无线组网时都面临下面几个本质性的问题。

问题一：多信道通信和组网架构，即采用什么样的网络架构进行多信道组网？无线网络架构大体可以分为有中心的集中式、无中心的分布式，以及两者的混合式。在很多场景下，网络架构已经确定，必须在给定的网络架构下进行多信道组网。而在针对某些特定应用、网络架构还不确定的情况下，就需要首先考虑合适的网络架构问题。因为网络架构不仅会影响多信道组网的性能，还会影响对应用场景的适应性和可扩展性。

问题二：如何构建多信道，即如何将整个可用频带进行拆分或者将多个子频带进行聚合使用，以高效地利用频谱资源进行组网？现有协议和标准在频域上多数以子信道的粒度进行信道带宽调节、划分信道，但这种调节粒度还太粗糙，在资源利用率和灵活性上都存在严重不足。另外，从时域上考虑带宽自适应粒度(以多大的时间周期进行一次带宽自适应操作)的研究还比较欠缺。

问题三：如何使用多信道，即如何将多信道分配给网络用户，并协调不同用户利用多信道并行通信？多信道为网络操作带来更大灵活性的同时，也带来了更高的复杂度，资源分配和调度的优劣直接决定了网络资源的利用率。集中式网络可以利用控制节点掌握的全局信息进行资源分配，而在自组织网络中分布式完成最优资源分配的成果还非常欠缺。

问题四：如何评估多信道网络的能力，即如何综合考虑多信道无线网络中的时、频等多维可用资源，确定其对业务端到端服务质量的支持能力？多信道无线网络仍是以提高用户的服务体验为终极目标，但目前还没有评估多信道并行通信网络对端到端业务支持能力的有效机制。

1.6　本书内容安排

本书的研究内容围绕回答上述问题展开。第1～2章主要回答问题一，其中第1章介绍多信道无线自组织网络的内涵、意义和趋势；第 2 章主要介绍多信道 MAC协议和路由协议框架和分类。第3～5章主要回答问题三，即如何利用多信道这个问题。具体而言，这部分介绍基于忙音的、基于控制信道、基于最优窗口和基于盲汇聚的多信道协议。第6～7章主要回答问题二，即信道的构建问题。其中第 6 章介绍多信道机制中的信道带宽自适应技术，实现了以子载波为粒度的多信道构建；而第7 章则考虑了异构信道的信道质量排序问题。第8～9章主要考虑多信道网络中的一些实际问题和性能优化与评估。第 10 章介绍多信道通信和组网的应用案例，并对全书进行简单总结和展望。

无线网络中的多信道，主要依靠多信道 MAC 协议和路由协议在多个网络节点间进行分配和调度使用，从而进行灵活的多信道自组网。

第 2 章　无线网络多信道 MAC 协议与路由协议

2.1　引　　言

在无线通信网络中，使用多个频率的信道同时进行通信可以极大地提高无线网络的容量，并且在目前的许多标准中已得到应用。例如，在美国，IEEE 802.11a 有 12 个可用信道，IEEE 802.11b 有 11 个可用信道；在欧洲，IEEE 802.11a 有 19 个可用信道，IEEE 802.11b 有 13 个可用信道。只要使邻近的发送节点调制到相互正交的子信道上，就可以同时进行数据传输而不产生干扰，从而可以显著提高网络吞吐量。在传统的单信道通信协议中，传输干扰、侦听退避等因素导致同一路径上相邻节点的干扰和不同路径之间的干扰等问题十分严重。此外，MAC 竞争、802.11 协议头、802.11 ACK 包和包传输错误等因素所导致的网络吞吐量下降，也使得有限的带宽资源变得更加紧张。而多信道技术可以方便地解决上述问题，这也使得多信道技术逐渐成为一个研究热点。

在研究多信道协议时面临的问题与协议设计要求如下。

1. 网络的连通约束问题

端到端之间的连通性问题与每个通信节点的通信覆盖范围或传输范围存在紧密联系，可归结为每个节点的传输能量大小问题，也就是说，必须保证节点具有一定的传输范围，必须和通信半径内的邻居共享公共信道才能保持网络的连通性。如图 2.1 所示，节点 A 与节点 C 之间不存在连通性，虽然节点 A 与节点 B 的通信范围有交集，但 A 和 B 都不在对方的通信范围之内，整个网络的连通性能很差，各个节点都不在对方的传输或者覆盖范围之内，所以此时网络中的节点之间就不能通信。而图 2.2 中的网络具备连通性，因为网络节点都在彼此的通信覆盖范围之内，或者可以通过加大天线发射能量来获得更大的传输覆盖范围。

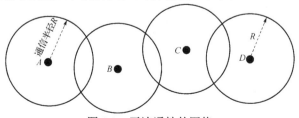

图 2.1　无连通性的网络

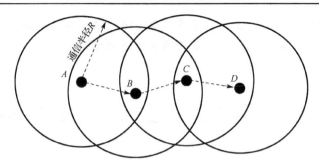

图 2.2　可建立连通性的网络

2. 通信节点之间的干扰约束问题

因为多信道技术是指多个节点使用多个信道同时进行通信,虽然用的是不同的信道,但是毕竟信道数目是有限的,在一个通信网络中可能存在一个信道重复利用的情况,为了避免干扰就需要相邻的信道之间保持合理的距离,从而限制了空间重用度。首先,在整个通信网络中(图 2.3),节点 A 与节点 B 使用信道 1 进行通信,而节点 C 与节点 D 使用非重叠的另一个信道 2 进行通信,虽然它们在相互干扰范围之内,但是由于它们使用不同的信道进行通信,所以在很大程度上避免了通信干扰,可以同时进行通信,提高了信道带宽利用率,提高了网络吞吐量性能。在传统的 IEEE 802.11 协议中,采取的是信道竞争/退避使用机制,节点 A 与 B 通信时,节点 C 与 D 就处于退避等待状态,由此可以看出多信道技术的优势。其次,在整个通信网络中存在信道重复利用的情况,提高了网络吞吐量,但是限制了空间重用度,这是因为需要解决一些干扰问题。在同一个通信网络中,节点 A 与 B 使用信道 1 进行通信,并且节点 E 与 F 也使用信道 1 进行通信,但是它们之间必须保持一定的合理距离,否则会存在竞争信道的情况,更严重的情况会导致通信网络瘫痪。如果节点 A 与 B 的距离是 d,那么它们与节点 E、F 的距离应该保持 $(1+\Delta)d$,其中 Δ 是保护参数。为了降低干扰应最小化共享公共信道的邻居数目。

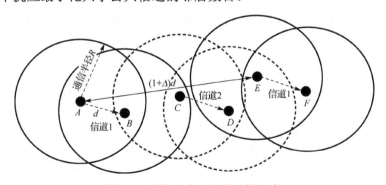

图 2.3　通信节点之间的干扰约束

3. 多信道无线网络的容限问题

记无线网络中的通信节点数目为 n，可用信道数目是 c，每个节点的接口数目为 m，每个信道的比特率为 W。随机静态网络中信道数目与接口数目的比值和网络吞吐量的关系[35-37]如图 2.4 所示。当 $c/m = O(\log n)$ 时，网络容量为 $\Theta\left(cW\sqrt{\dfrac{n}{\log n}}\right)$ bit/s[37]，水平直线 AB 情况下的网络容量并没有降低；当 $c/m = \Omega(\log n)$ 且 $c/m = O\left(n\left(\dfrac{\log\log n}{\log n}\right)^2\right)$ 时，网络容量是 $\Theta(W\sqrt{nmc})$ bit/s，斜线 BC 表示的分段函数显示网络容量有所下降；当 $c/m = \Omega\left(n\left(\dfrac{\log\log n}{\log n}\right)^2\right)$ 时，网络容量是 $\Theta\left(Wmn\dfrac{\log\log n}{c\log n}\right)$ bit/s，此时斜线 CD 表示的分段函数显示的网络容量最低。随着信道数目与接口数目之比的增大，网络容量逐渐降低，但是只要比值在一定数量级 $O(\log n)$ 内，依然能够获得与 $m=c$ 情况相同的最大网络容量。所以在设计多信道协议时，不要求每个节点配置与信道数目相同的接口数目，不仅可以节省硬件开销，而且不会降低网络容量。

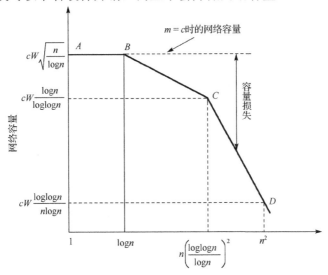

图 2.4　多信道多接口 Ad hoc 网络随机模型下的渐近容量

4. 其他约束问题

首先是接口约束问题，接口作为一种硬件收发器或接口卡配置给每个通信节点，给每个节点所配置的数目对网络吞吐量有很大影响，并且存在硬件成本的问题，在现实中需要考虑是否有可行性。其次是和接口切换时延问题，由于接口在通信过程中存在切换问题，接口的切换时延在通信时间或速率中是不容忽略的影响因子。最后是网络负载在各个信道上均衡分配的问题，在利用多个信道进行通信时，需要让各个信道上的负载达到均衡，这样可以保证带宽资源的充分利用。

根据 Ad hoc 网络的特征，结合 OSI/RM(open systems interconnection reference model)协议栈模型和 TCP/IP 体系结构，可以将 Ad hoc 网络的协议栈参考模型划分为 5 层[38-40](图 2.5)：物理层、数据链路层、网络层、传输层和应用层，图中虚线框表示可选功能部件。由于 TCP/IP 已经成为事实上的网络互连标准，Ad hoc 网络的协议栈是基于 TCP/IP 参考模型的，但必须根据 Ad hoc 网络的固有特点进行必要的修改与扩展。与有线网络相比，Ad hoc 网络的工作环境有诸多不同，因此所选技术也有较大差异，主要体现在网络的低三层：物理层、数据链路层和网络层。

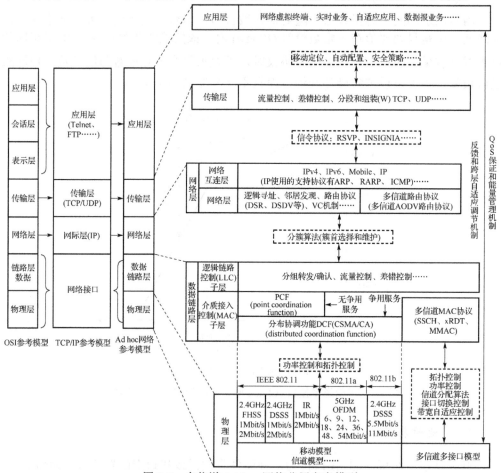

图 2.5　多信道 Ad hoc 网络分层参考模型

Ad hoc 网络物理层的设计要根据实际需要而确定，在传统的单信道协议应用中它需要考虑网络模型与信道模型等的选取以及通信信号的传送介质，其物理层所面临的首要问题是无线频段的选择或带宽自适应的应用。物理层还必须就各种无线通信机制做出选择，以完成性能优良的收发功能，如无线信号检测、调制/解调、信道加密/解密、信号发送/接收等，还要确定采用何种无线扩频技术。在多信道多接口协议中还需要额外考虑信道与接口的分配问题，以及信道带宽自适应技术和功率控制的应用。

Ad hoc 网络数据链路层主要解决接入方式以及数据的传送、同步、纠错和流量控制等问题。在传统的单信道 MAC 协议中，MAC 子层控制移动节点对共享无线信道的访问，它可采用随机竞争机制、基于信道划分的接入机制、动态调度机制等。而在多信道 MAC 协议中，它需要针对信道分配算法、带宽自适应技术等技术进行合理的操作与应用。

在以往 Ad hoc 网络的网络层主要是单信道路由协议的运用，它需要完成邻居发现、分组路由、接纳控制、拥塞控制和网络互连等功能。邻居发现主要用于收集网络拓扑信息，而路由协议的作用是发现和维护去往目的节点的路由。多信道路由协议还要增加接口与信道的分配算法等。

2.2　无线 Ad hoc 网络多信道 MAC 协议研究

2.2.1　多信道 MAC 协议简介

在单信道 MAC 协议（如 IEEE 802.11）传输中，由于采用的是多个通信节点竞争一个信道传输数据和控制信息，节点对信道的竞争非常激烈，所以相邻的节点间往往不能同时传输数据。解决竞争和冲突问题的有效方法之一是采用多信道技术。由于网络中有多个信道，相邻节点可以使用不同的信道同时发送数据，接入控制更加灵活，从而提高了网络的整体性能。采用多信道可以获得优于单信道的网络时延特性，还可以使网络具有更好的抗衰减和噪声容限。另外，单信道难以实现 QoS 支持，而采用多信道则更容易实现 QoS 支持。在使用多信道的情况下，可以使用其中的一个信道作为公共控制信道，或者让控制信息和数据信息在同一个信道上混合传输。多信道技术可以通过设计相应的多信道 MAC 协议来操作实现，所设计多信道 MAC 协议的优劣会直接影响网络中多信道的利用率，进而影响整个网络的性能，所以多信道 MAC 协议的设计在提升网络性能方面起到了关键作用。在多信道 MAC 协议中通过使用信道分配算法，为不同的通信节点分配相应的信道，消除数据分组的冲突，使尽量多的节点可以同时进行通信。采用接入控制来解决节点接入信道的时机、冲突避免等问题。以此来解决单信道 MAC 协议中不能解决的问题，进而提升了网络的整体性能。

2.2.2 多信道 MAC 协议面临的问题

1. 多信道的隐藏节点问题

对于多信道的隐藏节点问题，在文献[41]和文献[42]中都进行了说明，但是对于这个问题产生的原因与背景的阐述都不够明确。在传统的 IEEE 802.11 RTS（request to send）-CTS（clear to send）单信道通信机制 Ad hoc 网络中，隐藏节点是指一个节点位于接收者的通信范围之内，而在发送者的通信范围之外。对于多信道的隐藏节点是相对于单信道的扩展，在多信道情况下不仅仅局限于节点的通信范围这一个约束条件，而应该从处于不同信道上的节点之间在通信时不能使用虚拟载波监听协议来避免隐藏节点这一根本原因来分析。下面以图 2.6 为例说明多信道的隐藏节点问题。

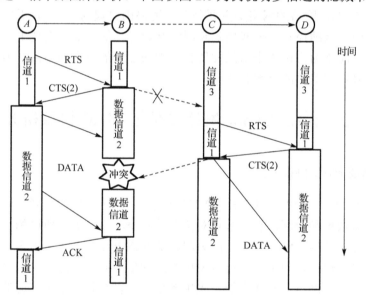

图 2.6　多信道的隐藏节点问题

节点 A 想发送数据到目的节点 B，所以 A 就在控制信道 1 上发送一个 RTS。目的节点 B 在接收到 RTS 控制包后，节点 B 也在控制信道 1 上回复一个 CTS 控制包来通知 A。在 A 和 B 的发送范围内，通过节点 A 与 B 的 RTS-CTS 握手机制，它们预定信道 2 作为通信的数据信道，没有冲突发生。然而，当节点 B 给 A 发送 CTS 时，节点 C 正忙于在信道 3 上通信，所以节点 C 就接收不到来自节点 B 的 CTS，也就不会知道节点 A 与 B 在信道 2 上进行数据交换，当 C 与 D 进行通信时，并且选取信道 2 用来通信。由于它们在同一时刻都在同一信道上通信，这就会导致在节点 B 处发生冲突。

解决隐藏节点问题的一种方法就是建立信道的记忆存储功能，它可以把信道的状态传播给所有潜在的发送节点。实现信道记忆的一种行之有效的方法就是使用忙音，即某一单音频率信号。使用忙音与使用一个单独的控制信道(DCA(on-demand channel assignment)[43]中所采用的方法)相比较，其优点是不必为忙音信道分配一个恰当的带宽。因为忙音是利用带外信号实现的，它不占用传输数据时的数据信道的带宽。而且因为功能简单，用于发射忙音的接口的硬件成本往往要比数据接口少得多。

不管网络中有多少个信道，每个网络节点配备单个忙音接口就足够了，该忙音接口可以工作在多个忙音信道上。我们假设对于每个数据信道 c 有一个不同的忙音信道 b_c。一个接收节点在信道 c 上接收数据包时，就会在相应的忙音信道 b_c 上打开忙音。通过在忙音信道 b_c 上进行感知，一个想切换到信道 c 上来的潜在发送节点就会知道它的相邻接收节点情况。如果忙音信道确实处于忙的状态，这个发送节点就会推迟它在数据信道 c 上的发送，而不会一直处于等待状态，这样就解决了多信道的隐藏节点问题。

2. 多信道的"聋音"问题

"聋音"问题[42]的发生是由一个节点与在另一个信道上正在进行通信的节点进行持续性联系而导致的。如图 2.7 所示，在信道 1 上的节点 A 试图与信道 2 上的节点 B 通信，但是节点 B 与节点 C 在信道 2 上正在通信。节点 A 就不会收到来自节点 B 的任何回应，这会导致节点 A 发送请求失败，在 IEEE 802.11 协议中，这意味着节点 A 在经过一段退避之后会重新发送通信请求。并且节点 A 会在一个退避后接着尝试与节点 B 建立连接。但是节点 B 会在节点 A 完成退避前已经进行信道的切换，节点 B 与 A 又会处于不同信道，所以节点 A 依旧不会得到节点 B 的任何响应。在极端情况下，这会导致节点 A 一直处于退避等待状态。

导致"聋音"问题发生的根本原因是无线电接口是半双工的，即在发送模式下不能进行任何形式的接收，因此解决"聋音"问题最直接的方案就是添加一个额外的无线接口，这样一个接口发送时，另一个接口可以用于接收，从而实现全双工功能，即避免了"聋音"问题，这也是目前常用的方法。但显然，这种方法增加了无线节点的硬件成本和设计复杂度。因而，我们介绍一种不需要额外无线接口的更高效的方案。仍以图 2.7 为例进行说明，节点 B 从信道 1 接收完一个 ACK 后空闲时将会发送一个含有节点 B 完成数据交换信息的广播控制包，与节点 B 处于相同信道上的节点 A 就会侦听到这个广播信息，然后 A 就停止退避并立刻给节点 B 发送一个 RTS，就可以与节点 B 建立通信。这种方法可以有效地解决多信道的"聋音"问题。

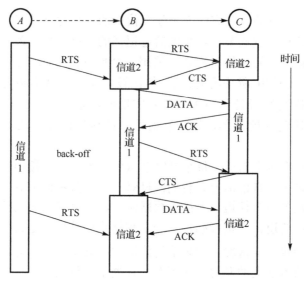

图 2.7　多信道的"聋音"问题

2.2.3　多信道 MAC 协议解决方案

多信道隐藏节点和"聋音"问题实质上是由节点在收发帧的同时无法侦听信道进而获取状态信息造成的。解决问题的一个有效途径就是记忆存储信道的状态信息，并将信道的状态信息广播给所有潜在的竞争节点，竞争节点接收到广播信息更新子信道状态信息，并选择空闲的子信道通信以避免碰撞。目前的研究成果中主要通过以下三种方案加以解决。

(1)忙音多信道 MAC 协议。协议的核心思想是为每一个数据子信道分配一个对应的带外忙音信道，即单一频率信号。不管网络中有多少个数据子信道，每个节点需要一个数据收发接口和一个忙音接口，这两个接口可以切换到各频点上收发数据或者发送忙音。每个节点都对应一个固定的数据子信道，每个数据子信道又对应一个忙音信道。当一个节点在其固定的数据子信道上发送数据帧时，就将忙音接口切换到相应的忙音频点发送忙音；欲与该节点通信的节点首先侦听忙音信道，当检测到忙音信号时就等待，直到忙音信号消失再使用数据子信道进行通信。该方案需要为每个节点配备一个额外的忙音接口，且需要与数据子信道数量相等的带外忙音频点，实现复杂，成本较高。

(2)基于专用控制信道的多信道 MAC 协议。协议选择一个子信道作为专用控制信道，所有的信道接入协商都在控制信道上进行。每个节点需要配备两个半双工的收发接口，一个始终工作在控制信道进行信道协商，另一个可以切换到不同的数据子信道收发数据。控制帧中添加了扩展域用于说明子信道的状态信息，通过接收广播的控制帧, 节点可以实时更新子信道状态信息并选择空闲的子信道通信以避免碰撞。该方案需要为每个节点配备额外的收发接口, 成本较高, 同时在重负载网络中, 专用控制信道容易成为制约网络性能的瓶颈。

(3) 基于分割时隙的多信道 MAC 协议。协议在时间轴上分为交替的控制窗口和数据窗口, 在控制窗口所有节点切换到某一个信道进行信道接入的协商, 在接下来的数据窗口节点切换到协商到的数据子信道收发数据帧。该方案中每个节点只需要使用单个收发接口, 实现比较简单, 但是由于所有节点需要在相同的时刻进行窗口切换, 协议对网络的同步性能要求较高。

2.2.4　多信道 MAC 协议设计原理

影响多信道 MAC 协议实现的最重要的因素就是发送节点与接收节点如何选取合适的信道用于数据交换, 这些通信节点需要决定在什么时刻、在哪个信道上进行协商, 以及如何协商一个公共信道用于数据交换。所以, 对于多信道 MAC 协议设计都会面临两个问题[44], 如图 2.8 所示。

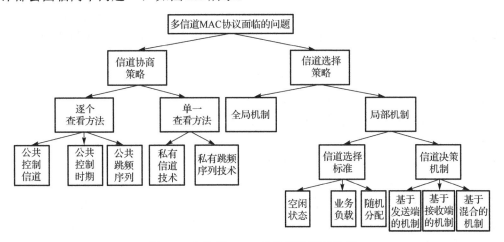

图 2.8　多信道 MAC 协议设计原理分析

1. 信道协商策略

因为网络中的任意两个节点必须在相同的信道上才可以通信, 所以就需要寻找一个能让两个通信节点都占用的信道, 并且在完成通信时间内只有这两个节点占用这个信道。不在相同信道上的两个节点可以通过信道协商策略解决如何同步地切换到通信信道上的问题。而公共信息在信道协商策略中起重要作用, 因为每个通信节点利用公共信息就可以获得在什么时间、哪个信道上能找到其他通信节点, 而公共信息的获得是通过逐个查看方法和单一查看方法实现的, 其含义分别如下。

1）逐个查看方法

逐个查看方法是指所有的通信节点都在相同的一个信道上会合并且侦听这个信道，成功竞争的节点就使用这个信道来进行数据通信信道的协商，也称为单一会合策略[44]，所以每个节点都会知道其他节点用于数据通信的信道使用情况。使用的技术有以下三种。

（1）公共控制信道技术。

在这种机制中，一个或多个控制信道专门用于交换控制包，目的是进行信道使用的协商，剩下的信道就称为数据信道，数据信道用于数据交换。任何一个通信节点对之间可以在任何时间在专门的控制信道上进行协商，然后切换到它们共同选取的数据信道上进行数据交换。使用这类技术的协议有 DCA[45]、RBCS[46]、DPC[47]、CSC[48]、AMNP[49]、Bi-McMAC[50]、MCDA[51]和 McMAC[52]，但是除了 McMAC 协议，其他协议都使用一个控制信道。

公共控制信道技术的优点是：专门的控制信道可以作为一个广播信道来使用，因为这种控制信道就是用来传输控制包的，所有的节点都会来侦听这个信道，起到了广播的作用。并且信道的协商和广播包的发送可以随时进行，所以数据包之间的发送时延很小。其缺点是：由于公共控制信道专门用于传输控制包，所以会造成信道资源浪费，信道带宽利用率不高，并且控制信道会成为整个网络吞吐量提升的瓶颈。

当使用单个控制信道时，一般会采用两个接口，一个接口固定在控制信道上与其他节点保持联系，另一个接口则会在各个信道之间来回切换，完成数据交换。文献[48]和文献[49]中的协议则使用了一个接口，但是它在接入时延上会受到限制，并且使用一个接口不能及时地获得信道使用状况等信息。而在 McMAC 协议中，如果有 m 个控制信道就需要 $m+1$ 个接口，这会导致硬件成本增加，在现实中缺乏可行性。

（2）公共控制时期技术。

在公共控制时期技术中没有专门的控制信道，而是由一个数据信道来临时充当控制信道。因为通信节点要在某一段时间内切换到临时的控制信道，并且需要在控制时间段与数据时间段之间来回切换，所以对于所有的节点需要同步技术。在控制时间段内，所有的节点都切换到临时的控制信道上与目的节点进行信道使用的协商，成功协商后，两个通信节点还要等待当前控制时间段的结束，然后才能切换到所选取的信道上进行数据交换。使用这类技术的协议有 MMAC[11]和 MAP（multi-channel access protocol）[53]。

公共控制时期技术的优点是：公共控制时期是很适合发送广播包的时间段，因为在这一段时间内，任何节点都会切换到临时的控制信道上侦听信道；公共控制信道在公共控制时间段内充当公共控制信道，而在数据交换时间段内可以充当数据信道，增加了信道利用率。其缺点是：各个节点之间需要同步技术；并且信道的协商与广播包的发送不能随时进行，如果有节点想发送数据包可能需要等待，所以导致发送时延较大。

（3）公共跳频序列技术。

在这种机制中需要跳频技术，所有的节点在所有的可用信道之间以相同的序列进行跳频。当一个节点有数据要发送时，它就会在当前的信道上与目的节点联系。两个节点在交换数据时都在相同的一个信道上。使用该技术的协议有 HRMA（hop-reservation multiple access）[54]。

公共跳频序列技术的优点是：信道的协商和广播包的发送可以随时进行，并且利用跳频技术，减少了由于信道之间的干扰而造成的传输错误。其缺点是：各个节点之间需要同步技术，并且高频率的信道切换会造成功率浪费和能量消耗。

2）单一查看方法

单一查看方法是指一个节点主动把接口切换到目的节点所使用的信道上，以此达到发送节点与目的节点在同一个信道上的目的，也称为多种会合策略[44]，使用的技术有以下两种。

（1）私有信道技术。

这种机制中的每个节点都会侦听一个专门的信道，并且这些属于每个节点的专门信道静态地或动态地分配给节点，称为私有信道。一个发送节点首先要获得目的节点的私有信道，然后当有数据要发送给目的节点时就会切换到目的节点的私有信道上。这种私有信道的信息可以通过广播或把信息存放在发送出去的包中来通知其他节点。使用这种技术的协议有 HMCP[55]、PCAM[56] 和 xRDT[57]，HMCP 和 xRDT通过发送多个单播信息，PCAM 通过在专门的广播信道上发送广播来通知相邻的节点。

该技术的优点是：信道的协商与数据的发送可以在不同的信道上同时进行，这样可能增加网络吞吐量。其缺点是：可能会产生隐藏节点问题导致碰撞概率上升，进而影响网络吞吐量；如果通信节点只配置一个接口，那么"聋音"问题会变得更加严重；由于要获得相邻节点的信道使用状况等信息，所以额外开销很大。

（2）私有跳频序列技术。

在这种机制中，每个节点都有一个属于自己的跳频序列，称为私有跳频序列，每个节点可以通过选取一个种子并且利用伪随机产生器生成一个私有跳频序列。为了能在两个节点之间进行通信，每个节点必须通知它的相邻节点它所选取的种子。使用这类技术的协议有 SSCH[10]、Navda 等[58]的工作和 McMAC[59]。在 McMAC 协议中，发送节点与接收节点在相同的信道上进行数据交换，当数据交换完成后就会重启各自的跳频序列。在 SSCH 协议中，发送节点在数据交换时间段内就会把自己的跳频序列改变到接收节点的跳频序列上。

该技术的优点是：减少了信道之间的干扰。其缺点是：各个节点之间需要同步技术；并且由于接口需要在各个信道之间来回切换，会造成能量消耗过大。

2. 信道选择策略

信道选择策略是指如何在多个可用信道中挑选一个可用的信道用来通信，并且这个挑选的可用信道对于发送节点与接收节点来讲都是有利的。在逐个查看方法中，所有基于公共控制信道或公共控制时间段的协议都会面临如何在协商期间决定一个公共信道的问题。给每个节点分配专一信道也可看作决定性的问题，然而许多协议简单地使用固定和随机的分配方法。

信道选择策略可以分为全局机制和局部机制，在全局机制中，每个节点都知道各自所使用的信道，但是在局部机制中，节点只能知道相邻节点所使用的信道情况。使用全局机制的协议包括 MAP[50]和 MAXM (maximal matching multi-channel MAC protocol)[60]。MAP 协议就是在公共控制时间段内获得所有的协商数据，这就意味着每个节点都会知道有多少通信节点对会建立通信以及将占用信道多久。基于这些获得的信息，每个节点使用最少业务量优先机制算法为那些通信节点对安排合理的信道。在控制时间段结束后，每个传输对就会基于这种机制切换到合适的信道上进行数据交换。其他协议都使用局部机制，这是因为它们需要较少的维护开销。而局部机制是基于信道选择标准和信道决策机制来实现的。

信道选择标准包括空闲状态、业务负载和随机分配三种，在空闲状态信道选取标准中，先成为空闲信道就先被选择，如 DCA[45]、RBCS[46]、DPC[47]、AMNP[49]、McMAC[52]和 MAP[53]协议。一个信道是否处于空闲状态，可以通过物理感知或虚拟信道感知的方法实现。在物理感知方法中，一个节点判断一个信道当前是否处于空闲状态，是通过把接口切换到那个信道上并检测信道中是否有物理载波。这种方法有两个缺点：一是每个节点至少需要两个接口；二是必须从每个数据信道中分配出一个控制信道。在业务负载信道选取标准中，具有较少业务量的信道会先被选择，如 MMAC[11]、文献[55]中提出的协议。在随机分配信道选取标准中，信道是随机选择的，如 MCDA[51]。

对于信道决策机制，包括基于发送节点决策机制、基于接收节点决策机制和基于混合决策机制三种，在基于发送节点决策机制中，发送节点将根据自己的选择标准来决定用于数据交换的数据信道，如 DPC[47]、MCDA[51]协议。在基于接收节点决策机制中，发送节点把它所获得的每个数据信道的状态(包括空闲状态或业务负载状态)信息通知接收节点，然后接收节点将获得的这些信息与自己的信息作比较，再选择一个适合于发送节点与接收节点的数据信道。发送节点的相邻节点需要被告知选择结果，这些信息通过使用 RTS-CTS-RES 帧，都会包含在三次握手机制中。RES (reserve)帧是新定义的帧结构，用于传输最终协商好的信道信息，如 DCA[45]、McMAC[52]和 MMAC[11]。在基于混合决策机制中，发送节点将每个数据信道的状态和一个推荐使用的数据信道的信息通知接收节点，如果接收节点接受了发送节点所推荐的数据信道，这种机制就类似于基于发送节点决策机制；否则它就是基于接收节点决策机制，如 AMNP[49]。

2.3　无线 Ad hoc 网络多信道路由协议研究

2.3.1　多信道路由协议简介

多信道路由协议与单信道路由协议不同,它不仅要解决路由建立和维护等问题,还要负责接口和信道分配。路由建立是在多跳环境下建立并维护一条或多条端到端的通信路径,根据建立的路由信息中继转发分组到路径上的下一跳节点,它是路由协议的核心功能。同时它还需要一定的机制来选择最优的路径,以保证网络的性能。在单信道环境中通常选择跳数作为路由判据,但是在多信道中出现了信道切换时延、带宽自适应、信道分配等影响路径质量的新因素,因此多信道路由协议的路由判据与传统的单信道路由协议有所不同,多信道路由协议中需要考虑包括跳数、带宽自适应等在内的更多因素。接口分配功能负责为分组传输选择相应的网络接口,接口的分配是以信道分配算法为基础的,而且接口的选择需要结合路由建立的选路参数进行。在多信道路由协议设计过程中面临的问题与协议设计要求[61]如下。

(1)收敛迅速:自组织网络的拓扑结构是动态的,随时处于变化之中,这就要求路由协议必须对拓扑的变化具有快速反应能力,在计算路由时能够快速收敛,及时获得有效路由,避免出现目的节点不可达的情况。

(2)提供无环路由:无论在有线网络还是无线网络中,提供无环路由都是对路由协议的一项基本要求。但在无线自组织网络中,由于拓扑结构动态变化会导致大量已有路由信息在短时间内作废,从而更容易产生路由环路。在无线自组织网络中提供无环路由就显得尤为重要而且更难做到。

(3)避免无穷计算:经典的距离矢量算法在某条链路失效时,有可能出现无穷计算的情况。无线自组织网络中,链路失败是经常发生的,这就要求在无线自组织网络中运行的路由协议必须能够避免无穷计算。

(4)控制管理开销小:无线自组织网络中无线传输带宽有限,传送控制管理分组不可避免地会消耗掉一部分带宽资源。为了更有效地利用宝贵的带宽资源,需要尽可能地减小控制管理的开销。

(5)对节点性能无过高要求:无线移动节点使用可耗尽能源,CPU 性能、内存大小、外部存储容量等都低于固定的有线节点,因此,在无线自组织网络中不能对节点性能要求过高。有线网络中用计算复杂度来换取路由协议性能的做法在无线自组织网络中不再适用。

(6)尽量实用简单:简单有助于提高可靠性,也有助于减少各种开销。

2.3.2　多信道路由协议分析

无线自组织网络应用范围广泛，目前所涉及的有军事网络、处理突发事件、无线网络会议和传感器等。每一个领域都对该网络的路由协议提出了特殊的要求，例如，在军事上关键是要减小网络监视和侦听的可能性，要提高在衰减和受干扰信道上的路由效率；在传感器应用领域优先考虑的是将传感器的自动运行资源损耗降至最低；网络会议中则要保证多媒体服务的质量。以上应用对路由协议的设计提出了更高的要求，如路由协议流量开销不允许出现网络阻塞和局部链路变化所导致的流量控制问题[62]。近年来，由于路由协议的发展和多信道技术的优势，多信道路由协议的研究具有广阔的应用前景，无线自组织多信道路由协议研究也变得十分重要。

当前很多研究文献提出了适应多信道的路由准则，例如，期望剩余容量（expected residual capacity，ERC）用来评测路径质量并为节点选择高吞吐量低干扰的路由准则；WCETT（weighted cumulative expected transmission time）[63]在进行路由判断时，考虑了链路质量和链路之间的干扰等信道多样化问题，通过最大化信道差异尽可能地减少流内干扰，提升了网络吞吐量；总和目的期望传输时延（sum of motivated expected transmission time，SMETT）是为多接口多信道环境设计的路由判断准则，与 WCETT 的不同点是它不考虑无线链路的带宽，以避免复杂的带宽计算。而实现多信道多接口路由功能的协议，也主要是以上述路由准则中的一条或者多条为标准进行路由选择的，这其中有代表性的多信道多接口路由协议主要有MR-LQSR[63]、MCR[64]、PCAM[56]和 CA-OLSR[65]。

LQSR 是 DSR 协议的改进版本，它主要增加了对链路质量因素的考虑。而MR-LQSR 是在 LQSR 协议的基础上，提出了一种全新的 WCETT 路由度量策略。WCETT 规定每个节点配置与可用信道数相同的接口数，并且每个接口固定在不同的信道上。源节点在每个接口上轮流地发送路由请求包。除了收到 RREQ 的接口，中间节点再次轮流地在其他所有接口上发送此 RREQ。

MCR 参考了 MR-LQSR 的路由度量策略，使用了比信道数更少的接口数目，支持网络拓扑变化。该方法的核心思想是每个节点配置两个接口，一个长时间固定在一个信道上用来接收数据，称为接收接口；另一个可以在不同信道间切换来发送数据，称为发送接口。节点通过周期性地交换 Hello 包来更新邻居节点列表和信道使用列表，从而选出一个被邻居节点使用最少的信道，将接收接口切换到这个信道上。当节点有数据要发送或转发时，将发送接口切换到下一跳节点接收接口所在的信道上。MCR 的路由度量策略综合考虑了跳数、路径上信道干扰情况、信道切换时延三个因素。MCR 的路由工作机制分为路由发现和路由维护。路由发现时，源节点和中间转发节点均将信道切换时延及接收接口信道号加入路由请求包中通过发送接口在每个信道上轮流发送。目的节点从多条路径收到路由请求包后，根据路由度量策略选出最佳路径然后回复路由应答包。当节点发现一条有效路由失效时，路由维护使源节点重新发起一次新的路由请求过程。

PCAM 采用了与 MCR 类似的信道分配准则，但增加了一个控制接口，主要负责传输路由控制包，目的是避免路由控制包和数据包冲突。PCAM 的接收接口功能与 MCR 中规定的接收接口功能一样。PCAM 的发送接口与 MCR 的发送接口功能有所区别，PCAM 的发送接口在不同的信道上只发送数据包。PCAM 新加入的控制接口专门负责路由控制包的通信，极大地提高了路由发现效率。

基于主动路由协议 CA-OLSR 将网络层与 MAC 层相结合引入了多信道机制。每个节点配置一个信道固定的控制接口负责传输路由控制包和 MAC 层的控制帧 RTS 与 CTS，另一个数据接口负责传输数据包。收发双方的数据接口使用的数据信道由发送方决定：在网络层给每个需要通信的节点分配一个数据信道；MAC 层在交互完 RTS-CTS 帧后，收发双方均将各自的数据接口切换到发送方的数据信道上。由于 MAC 层仍需要协商，所以 CA-OLSR 仍然存在控制信道瓶颈问题。

2.4　小　　结

本章主要介绍了无线 Ad hoc 网络多信道 MAC 协议与路由协议架构，并分别阐述了在无线网络中多信道 MAC 协议和路由协议的设计要求以及存在的问题与挑战。基于现有的 Ad hoc 网络特征以及多信道协议模型，设计了多信道 Ad hoc 网络分层模型，对多信道 Ad hoc 网络进行了分层说明，并根据该模型阐述了多信道 MAC 协议与路由协议的设计要求。首先根据不同的标准，对多信道 MAC 协议进行了分类与介绍，详细说明了多信道 MAC 协议设计原理以及可实现的技术手段。其次对多信道路由协议以及在多信道路由协议中使用的算法进行了分析与介绍。

为了进行多条数据信道的分配和使用，用一个或多个专门用于协商和控制而不用于数据传输的信道来进行协调。就像划定了一个专门用于开会的房间，大家随时可以利用这个房间来进行协商。

第3章　基于专用信道协商的多信道接入协议

3.1　引　　言

虽然目前的许多标准都具备了利用多信道技术的潜能，但在这些标准中，并没有提及如何进行信道分配，如何完成多信道接入等问题，这使得多信道 MAC 协议成为一个开放问题，也是当前的一个热点问题。

目前的多信道 MAC 协议的研究主要是基于多信道单接口和多信道多接口两种架构进行的。采用多信道单接口架构主要是基于造价和兼容性方面的考虑，但是如何协调多个节点在多信道的条件下工作，是多信道单接口 MAC 协议中难以解决的问题。而且节点通信时需要来回切换信道，信道切换产生的时延会导致系统性能下降。由于使用单接口，这类 MAC 协议还存在严重的隐藏节点、"聋音"等问题，此类协议的典型代表是 SSCH[10]协议和 MMAC[11]协议。而在多信道多接口架构下每个网络节点配置多个接口，每个接口带有独立的 MAC 层和物理层，可使用不同的频段同时进行通信。但是其主要缺点在于网络中每个节点需配置多个独立接口，硬件成本造价高，节点结构更加复杂，如动态信道分配(dynamic channel allocation，DCA)协议。基于以上分析，对多信道 MAC 协议的研究应该是对通信网络的一个优化，可以通过降低端到端的时延、改进路由算法、优化信道分配算法、降低硬件成本等方案来达到提高网络吞吐量这一目的。

无论多信道单接口 MAC 协议还是多信道多接口 MAC 协议都有两个核心问题等待解决：信道分配与接入控制[66]。其中，信道分配机制用来协调网络中多个节点的行为，从而使各节点对在不受干扰的情况下完成信道协商工作。而达到"发送节点对间互不干扰"这一条件的信道分配方案可能不止一个，如何在可用信道集内选取一个最优的信道来使用，这就是信道接入控制需要完成的工作。目前的研究主要集中在解决上述两个问题。下面将其中有代表性的工作按照其特点划分为静态、动态和混合类多信道 MAC 技术。

1. 静态多信道 MAC 技术

静态多信道 MAC 技术给每个节点配置多个接口，让每个节点的接口都固定在一组公共信道上,其优点是简单、扩展性好。但这种方法适合于静态的网络环境,信道和接口一旦分配结束就不能发生改变,因而信道利用率低,不适合动态变化的认知网络环境,应用的场合也越来越少。

2. 动态多信道 MAC 技术

动态多信道 MAC 技术弥补了静态多信道 MAC 技术中信道利用率低的缺点。最早利用动态信道切换的是 RDT(reliable data transfer)协议[2],它假设每个节点仅有一个接口,然后要求每一个节点都有一个在空闲时进行侦听的静态信道(每对节点用于发送数据时使用的数据信道)。当有数据要进行传输时,发送节点就会切换它的接口到目的接收节点的静态信道上,然后使用传统的单个信道 MAC 协议(如 IEEE 802.11)进行数据传输。当成功发送后,发送节点再将接口切换到它自己的静态信道上进行侦听,准备下一次数据传输。但是 RDT 协议面临着多信道的隐藏节点和"聋音"等问题。后续工作也不断提出新的动态多信道 MAC 技术方案,试图解决这两个问题。代表性工作有:SSCH 使用了最优化同步技术来分布式地集合与同步,这种技术允许控制信息分布于所有的信道,可以解决控制信道上的饱和问题,节点依据信道跳变表切换信道,通过交换和更新信道跳变表,避免发生碰撞;MMAC[11]在每个传输周期开始时协商选定通信节点对及信道,可以避免多信道隐藏节点问题。动态分配的缺点是需要复杂的时间同步和协调机制,因此扩展性差,不适用于大规模的网络。

3. 混合类多信道 MAC 技术

混合类多信道 MAC 技术结合了动态和静态的一些特点,可以在这两种技术的性能间进行灵活的折中,典型代表是 Kyasanur 等的工作[12]。Kyasanur 等提出的混合信道分配方法既能保留静态方法简单、可扩展性好的特点,又能支持动态方法灵活、适应性强的特性。混合信道分配的挑战在于信道分配的权衡和切换的协调等带来了设计和实现的复杂性。

上述协议都是基于静态信道带宽这一假设的,即信道带宽都是固定的,各子信道带宽相同。而且以往的研究大多都是利用额外的多信道来获得性能的提升。最近,有研究工作开始对动态信道带宽自适应技术展开研究。第一个对动态信道带宽自适应技术展开系统性研究的是微软公司的 Chandra 和 Bahl 等,他们首先在商用 802.11 器件上配置出 5MHz、10MHz、20MHz 与 40MHz 等不同的信道带宽,然后通过实验测量验证了带宽自适应的一些好处,如窄带宽的信号较宽带宽的信号传输距离长,穿透性好,可以使用窄带宽信道来覆盖网络死角等边缘区域,以增加网络覆盖性;当频谱的某一区域出现过强噪声的时候,还可以调节信道带宽,躲避该频率处的干扰;通过将频谱分成多个窄带宽的信道,可以解决多速率网络中不同速率链路之间的公平性等问题。IEEE 802.11n 标准增加了信道聚合技术,允许节点在 5GHz U-NII

的频段将原有相邻的两个 20MHz 的信道聚合在一起，形成一个 40MHz 的信道。而最近许多认知无线网络原型系统都具备了信道带宽自适应功能。

多信道技术与带宽自适应技术的结合，将为未来高容量大宽带无线通信与网络系统设计提供一条全新的途径和更多的机会，在实现频谱资源的高效利用与异构网络共存和融合等方面有重要意义。该技术也被认为是未来认知无线电网络所必须具备的功能之一[67,68]。但目前在多信道 MAC 协议设计中对带宽自适应技术的考虑还比较欠缺。

针对目前多信道 MAC 研究中存在的问题，本章将分别对基于忙音和基于控制信道两种基于专用信道的多信道 MAC 协议进行阐述。

3.2　基于忙音的多信道 MAC 协议

本节介绍一种实现了信道带宽自适应的忙音多信道 MAC 协议。该协议不仅解决了以前多信道 MAC 协议中没有解决的隐藏节点、"聋音"等问题，还加入了一种高效的信道分配算法，让多个信道在各个通信节点对之间达到合理的分配，实现了信道资源的高效利用。更进一步，基于所设计的多信道 MAC 协议，我们还进一步实现了带宽自适应技术，可以完成信道的有效分割，仿真表明即使不增加总带宽通过信道分割也能显著提高网络的性能。

3.2.1　忙音多信道 MAC 协议设计

1. 准备工作

为了便于表述，我们记子信道数目为 C，信道总带宽为 B，发送-接收节点对数为 N。所有的信道不重叠，所以数据包在不同的信道上传输就不会相互干扰。

每个用户安装一个半双工的数据接口和一个忙音信号接口，用户可以利用半双工的数据接口在静态信道上发送/接收数据，利用忙音信号接口发送和侦听忙音信号。

协议中可以对总带宽 B 进行分割，并且子信道的带宽不是固定的，根据信道业务量的大小对所使用子信道的带宽进行调节。

协议定义每个节点对通信时使用的信道称为静态信道。

2. 忙音分析

忙音是一个有着某个特定单频的正弦信号。由于忙音不是调制信号，所以不能编码任何信息。它只能在某个频带上通过能量检测的方法被识别[69]。由于忙音是通过能量检测的方法来识别的，所以在大部分情况下，它至少可以在载波监听范围内被正确识别，同时不需要特殊的信号来进行同步。一般情况下，忙音所占的带宽极窄。正是由于忙音具有这些特点，它被广泛应用到大量的协议[70-74]中。本章充分利用忙音的特点，设计了基于忙音的多信道 MAC 协议。

忙音被广泛应用于各类协议中，但是由于忙音只能通过能量检测的方式获得，所以很难携带更多的信息。传统上一般只是用忙音表示通信的状态，极少数协议利用忙音的能量来携带信息。文献[75]提出了通过忙音的频率来携带节点干扰情况的信息，打开了新的思路。如果将忙音的频率、忙音持续的时间以及忙音的能量相结合，可以使得忙音能够携带的信息量进一步增多，对类似的协议的设计具有一定的指导作用，特别是能解决忙音冲突问题。

忙音冲突问题主要是指在忙音多信道 MAC 协议中的忙音确认和空闲确认失效问题，如图 3.1 所示，如果节点 A 与节点 B 通信，当节点 A 给节点 B 发送忙音时，若 B 的某个相邻节点 C（可能的隐藏节点和暴露节点）也在 B 发送忙音时给节点 D 发送忙音，就会干扰 B 接收来自 A 的忙音，使得通信节点 A、B 对忙音确认和空闲确认失效。在本章所设计的协议中，为了解决忙音确认和空闲确认失效的问题，需要利用特殊的机制对忙音信号进行处理，可以通过对忙音分配不同的频率来解决。由于忙音信号本身无法携带其他任何信息，为了能够让邻居节点相互正确地识别各自发送的忙音，可以在节点的 ID 信息与忙音频率之间建立一一映射函数。假设上层协议能够为每个节点提供唯一的逻辑编号（事实上本章中的多信道 MAC 协议能够为每个节点提供唯一的逻辑编号），采用一个简单的 Hash 函数将节点的 ID 信息与忙音的频率建立映射。通过 Hash 函数为节点赋值一个不同频率的忙音，假设有 K 个可用频率数，则对应于 ID 为 i 的节点所使用的忙音频率 f_λ 分配如下

$$\begin{cases} \lambda = (i \mod K) + 1 \\ f_\lambda \in \{f_1, f_2, \cdots, f_K\} \end{cases} \tag{3-1}$$

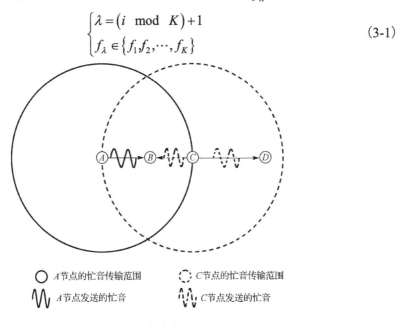

图 3.1　忙音冲突问题

3. 忙音多信道 MAC 协议设计

1）传输开始

在忙音多信道 MAC 协议中，当一个节点空闲时就侦听自己的静态信道。如图 3.2 所示，如果节点 A 想发送数据到节点 B，它就会切换数据接口至节点 B 的静态信道 B_q 上去；然后节点 A 使用两个接口对节点 B 的静态信道 B_q 和忙音信道 b_q 进行感知。如果任一个信道忙，则意味着节点 B 正处于忙的状态，节点 B 就无法接收来自 A 的数据，它们就无法建立通信。此时，节点 A 就使用与 802.11 中相似的竞争机制。反之，如图 3.2 所示，如果节点 B 的信道 B_q 和 b_q 都空闲，节点 A 就会等待 DIFS(distributed inter-frame space)后，在静态信道 B_q 上发送一个 RTS 给 B，同时打开自己的忙音，节点 B 经过 SIFS(short inter-frame space)后就会接收到 RTS，B 一旦收到来自 A 的 RTS 就打开它自己的忙音，这个忙音作为对接收到 RTS 后的一个回应(这个忙音不仅相当于 CTS 的作用，而且通知 B 自身周围的节点静态信道 B_q 即将被占用，从而解决隐藏节点问题)，节点 A 一旦感知到来自 B 的忙音就会给 B 发送 DATA 包，经过 SIFS 后，节点 B 接收到这个来自 A 的 DATA 包，就会关闭自己的忙音，经过 SIFS 时间后再打开这个忙音(这个忙音的作用相当于 ACK)，节点 A 就会侦听到这个忙音，意味着 DATA 包传输成功，节点 A 关闭自己的忙音，同时将数据接口切换到自己的静态信道 A_q 上，并且发送 DTC 包。如果节点 A 没有收到这个类似 ACK 作用的忙音信号，就会退避一段时间，然后重传 DATA 包。

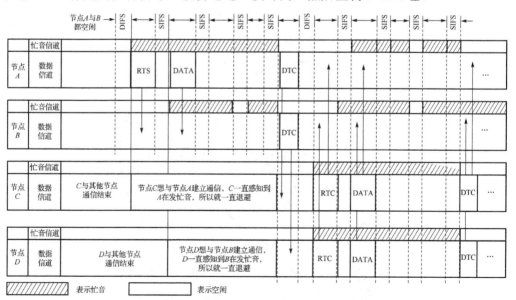

图 3.2　忙音多信道 MAC 协议实现原理

2）传输结束

如图 3.2 所示，当节点 A 与 B 之间的数据发送结束后，发送节点 A 就切换到它自己的静态信道 A_q 上。在一个恰当的帧间隔后，如果这个信道（A_q 和 b_q）空闲，它就会在 A_q 信道上发送一个数据传输结束 DTC 消息。此时，任何在信道 A_q 上等待与节点 A 通信的其他节点 C 就会收到这个 DTC 包，处于退避等待状态的节点 C 就会关闭它的当前退避计数器，清除所有的退避和竞争窗口相关的状态，开始与节点 A 建立通信。经过一个 DIFS 后，节点 C 就开始向 A 发送 RTS，经过 SIFS 时间后，节点 A 就会收到来自节点 C 的 RTS，A 同时会打开自己的忙音，节点 C 一旦侦听到这个忙音就会向节点 A 发送 DATA 包，经过 SIFS 后，节点 A 就会收到这个来自 C 的 DATA 包，节点 A 关闭自己的忙音，经过 SIFS 时间后再打开这个忙音，节点 C 一旦感知到这个忙音就知道 DATA 包传输成功，并重复 1 的传输过程。这样，通过使用 DTC 包就可以解决多信道的"聋音"问题。反之，如果 A 感知到信道忙，DTC 包的传输就会推迟到信道变得空闲以后再发送。

3）新业务的传输

如果 A 有另一个数据包要传输给节点 B，它会在发送完前一个数据传输过程的 DTC 后接着与节点 B 建立通信，并发送这个包。但是可能想与节点 B 通信的节点不止一个（如还有节点 D 想与 B 通信），所以这要经过与 802.11 中相似的一个过程，A 就会把竞争窗口设置到最小值，并且随机选取一个退避时间。如果 A 的退避计数器比其他竞争节点 D 的退避计数器先完成，节点 A 就可以切换到接收节点 B 的静态信道上进行数据传输。否则 A 就得等待节点 D 与 B 完成通信后再竞争与 B 的通信。但是节点 A 必须比另一个发送节点 C 的退避计数器提前完成，否则 C 就与 A 进行通信传输。如果是这种情况，当 C 向 A 传输完成后，A 完成它剩下的需要的退避时间后就会再一次传输它自己的数据包。

4）静态信道的选取

对于所有的节点，一个好的静态信道的选取对于提高整个通信网络的性能起到了关键作用。假设上层协议能够为每个节点提供唯一的逻辑编号，本章采用一个简单的 Hash 函数将节点的 ID 信息应用到信道分配中，通过 Hash 函数为不同的通信节点对之间分配一个不同频率的子信道。因为子信道数目为 C，发送-接收节点对数为 N，则对应于某个节点的 ID 为 $i(0 \leq i \leq N-1)$ 的节点的子信道 $\mathrm{ch}_j(0 \leq j \leq C-1)$ 分配如下

$$\begin{cases} j = i \mod C \\ \mathrm{ch}_j \in \{\mathrm{ch}_0, \mathrm{ch}_1, \cdots, \mathrm{ch}_{C-1}\} \end{cases} \tag{3-2}$$

由式(3-2)可知，当通信节点对的数目大于子信道数目时，就会有多个通信节点对共同竞争使用同一个子信道；通信之初的信道分配是确定的，可以通过 MAC 协

议为每个节点提供的唯一的 ID 来获得该节点所使用的通信子信道是哪一个。现实的情况是业务量是动态变化的，在式(3-2)的信道分配算法的基础上，为了防止某个子信道上由于业务量过大或其他影响因素而造成信道通信状况恶化，又提出一个以每个信道上的业务量为标准的周期性选取机制，即每个节点在它空闲时间内循环测量网络中所有子信道上业务量的大小，这可以通过循环测量在不同子信道上的节点发送 DTC 包的数目作为所测量信道上业务量大小的一个衡量标准，因为每个通信节点对之间在 DATA 数据包交换完成以后，都会在相应的信道上广播一个 DTC 包。如果有某个信道上的业务量小于这个节点正在使用的静态信道上的业务量，则把具有较小业务量的信道作为下一次通信时的静态信道。当信道通信状况发生恶化时就需要进行这种循环的信道业务量测量过程。这样做能让业务量在各个信道上达到均衡，减少业务量在信道上的等待时间，也避免了信道带宽的浪费。

3.2.2　忙音多信道 MAC 协议的性能仿真

1. 协议仿真模型及参数设置

我们在 NS2 仿真平台完成了本章所提出的多信道 MAC 协议，下面通过仿真说明所提出协议的优越性。仿真场景拓扑结构为 120 个节点组成 12 行×10 列的格型网络，相邻节点的横纵坐标均相差 10m。因为节点的通信半径为 250m，这种拓扑设计可以保证如果在同一个信道上所有节点的发送都相互干扰而竞争信道。这 120 个节点构成 60 对发送-接收节点对，每个发送-接收节点对的发送节点和接收节点都随机选取配对，且互不重复。仿真中用到的其他网络参数如表 3.1 所示。

表 3.1　协议仿真参数设置

参数	值	说明
t	30s	仿真时间
M	7	最大重传次数
N	60	节点对数目
C	2～6	子信道的数目
SIFS	10μs	短帧间间隔
DIFS	50μs	DCF 帧间间隔
CW_{min}	15	最小竞争窗口
CW_{max}	1023	最大竞争窗口
basicrate	1Mbit/s	信道基本速率
CBR	1000B	CBR 报文大小

2. 仿真结果及分析

首先，我们验证通过带宽自适应技术对信道进行分割，即使总带宽不变也能带来好处。为了便于说明，在仿真中我们对总的信道资源进行等量分割，分别分割成

2、3、4、5、6 个子信道，然后分别通过仿真得到不同子信道数目情况下的整个网络的通信吞吐量与数据包碰撞概率的数据，仿真结果如图 3.3 和图 3.4 所示。

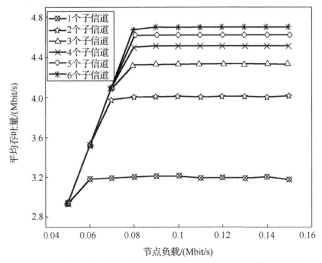

图 3.3　基于忙音的多信道 MAC 协议吞吐量性能曲线

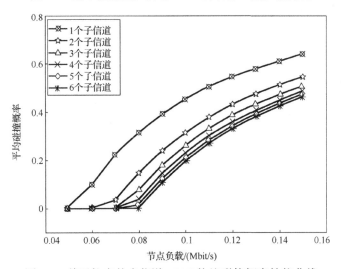

图 3.4　基于忙音的多信道 MAC 协议碰撞概率性能曲线

通过图 3.3 和图 3.4 的仿真结果分析，我们可以得到以下两个结论。

（1）在通信总带宽不发生改变的情况下，多信道 MAC 协议比单信道通信协议的性能要好，降低了网络的碰撞概率，使得整个网络吞吐量性能得到了较大的提升。

（2）子信道的划分不是越多越好，由图 3.3 可知，在子信道数目达到 6 个后，网络饱和，吞吐量的饱和点与 5 个信道时差别不大，网络吞吐量的提升不再那么明显，也就是说，利用信道带宽自适应技术不能无限制地提高网络的通信容量。而且，在实际应用中，带宽自适应可能带来额外开销，子信道划分越多，会带来越多的额外开销。因而，信道带宽自适应要结合所需要的业务量大小和具体的带宽大小来加以使用，在总带宽不变的情况下，并不是子信道越多越好。

　　其次，我们在单纯的单信道情况下，将本章提出的基于忙音的 MAC 协议与传统的 IEEE 802.11 协议进行对比，在这两种协议下吞吐量和碰撞率的仿真结果如图 3.5 和图 3.6 所示。从图中我们可以看出，即使在单纯的单信道情况下，本章所提出的基于忙音的 MAC 协议比传统的 IEEE 802.11 协议能获得更高的网络吞吐量，有更小的碰撞概率。这是因为本章提出的协议通过接收忙音来响应 RTS、ACK 分组，缩短了应答时间，节省了网络资源，使得网络性能得到提升。

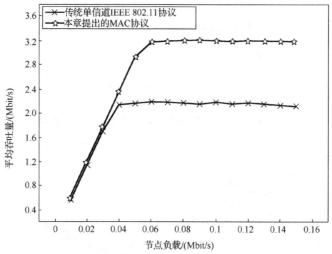

图 3.5　基于忙音的单信道 MAC 协议与 IEEE 802.11 协议的吞吐量性能对比

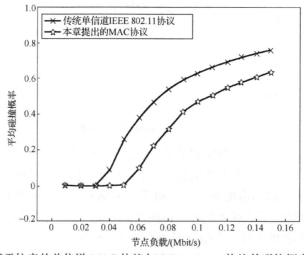

图 3.6　基于忙音的单信道 MAC 协议与 IEEE 802.11 协议的碰撞概率性能对比

3.3　基于控制信道的多信道 MAC 协议

3.3.1　基础知识

　　基于专用控制信道的多信道 MAC 协议是最早提出的在单接口-多接口异构多信道网络中的多信道 MAC 协议。在该类协议中，每个多接口节点配置的多个无线收发接口按照功能差异分为一个控制接口和一个或多个数据接口。在网络可用的子信道中，使用一条信道作为专用控制信道，其他信道作为数据信道。控制接口始终工作在专用控制信道上，负责信道协商数据帧的收发；数据接口可以在多条数据信道上切换，负责数据帧和确认帧的收发。单接口节点的接口在控制信道和数据信道间切换，需要注意的是，当单接口节点完成一次数据帧传输时，需要将接口切换到控制信道上，根据接收到的广播的控制帧更新本地可用信道列表，进而获得网络中的信道状态信息。

　　协议的具体工作流程如图 3.7 所示，网络中共有 5 条带宽相同的可用子信道，其中将信道 0 作为专用控制信道，其他 4 条信道作为数据信道。每个多接口节点配置了两个接口，也就是说，在同一时刻每个节点最多只能发送一个数据帧。在控制信道上节点采用 RTS-CTS-RES 三次握手协商信道，同时可以避免隐藏节点问题；协商成功之后，节点将数据接口切换至协商好的信道发送数据帧。由于控制接口可以时刻保持对控制信道的侦听，多信道隐藏节点和"聋音"问题得以解决。

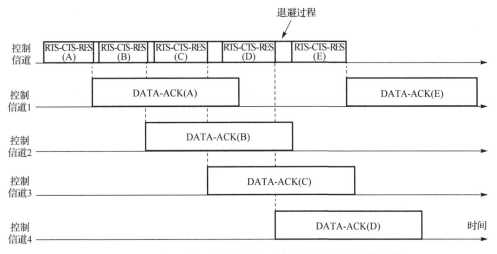

图 3.7　DCA 协议的工作流程(括号中的字母为链路的标号)

为了维护各数据信道是否被占用的状态信息，每个节点需要维护一个可用信道列表①(available channel list，AVL)和多信道网络分配矢量(multi-channel NAV，MNAV)，MNAV与单信道NAV作用相同，只是为了记录多个数据信道距空闲的时间，需将单信道 NAV 扩展为矢量形式。为了避免使用相同的数据信道造成干扰，我们还对控制帧进行了扩展：RTS帧中增加了 AVL 域，用以存放源节点的可用信道列表；CTS帧中增加了选择信道(preferable channel，PC)域，用以存放目的节点选择信道；RES帧中增加了确认信道(confirmed channel，CC)域，用以存放源节点确认使用的信道。同时，节点需要根据侦听到的信道协商信息更新 MNAV 以对多条数据信道进行虚拟载波侦听。

在控制信道上，节点按照 IEEE 802.11 DCF 机制使用 RTS-CTS-RES 帧三次握手协商信道。欲发送数据的源节点先侦听控制信道，根据侦听到的控制帧中的信道列表更新MNAV。只有存在可用的数据信道并且信道连续空闲的时间达到了 DIFS(distributed inter-frame space)，节点才可以发送 RTS 帧；如果信道忙，源节点就继续侦听信道，更新信道状态列表，直到出现可用的数据信道并且控制信道空闲的时间达到 DIFS。此时源节点进入退避过程，从一个特定的竞争窗口中随机选择一个退避数，设置退避计数器。每当信道空闲的时间达到一个时隙(slot time)长度，退避计数器就减 1；若信道忙，则冻结退避计数器，等到信道重新变为空闲，经过 DIFS 后重新启动退避计数器，直到退避计数器为 0，开始发送一个 RTS 帧。

如果目的节点成功地接收该 RTS 帧，就比较 RTS 帧中的 AVL 与本地维护的AVL：如果存在共同的空闲数据信道，就协商标号最小的数据信道(如该数据信道标号为 i)，目的节点就将该信道的状态 c_i 置为 1，更新本地可用信道列表后将其放入CTS 帧中的 PC 域。当信道空闲的时间达到了 SIFS 后，目的节点向源节点发送该CTS 帧告知其选择的数据信道。最后源节点对选择的数据信道进行确认。通过这三次握手，收发节点对就可以成功协商到可以使用的数据信道，然后将数据接口切换至该数据信道上进行数据帧的收发。

需要注意的是，为了避免节点选择相同的数据信道通信，源节点和目的节点的邻居节点接收到广播的 CTS 或 RES 帧后，应根据其中包含的信道标号信息更新MNAV，将该数据信道将要处于忙状态的时间设置为该收发节点对完成数据收发的时刻。

为了减轻多个节点在专用控制信道上的竞争，协议使用二进制指数退避(binary exponential backoff，BEB)算法。在每一个 RTS 帧发送时，退避计数器在 $[0, w-1]$ 区间随机选择一个退避数，其中 w 称为竞争窗口(contention window，CW)， w 的值取

---

① 本章使用的信道列表用 $\{c_1, c_2, \cdots, c_N\}$ 表示，其中 N 表示数据信道数，c_k 表示第 k 条信道是否已被占用(RTS 帧中)或被协商使用(CTS 帧中)或被确认使用(RES 帧中)：$c_k = 0$ 表示第 k 条信道为空闲信道，反之，$c_k = 1$ 表示第 k 条信道被占用。

决于同一个数据帧发送失败的次数。在第一次发送时，w 的值被初始化为最小竞争窗口 CW_{min}；每一次发送失败后，w 都要加倍，直到达到最大竞争窗口 $CW_{max} = 2^m \cdot CW_{min}$，其中，$m$ 为重传次数。

3.3.2　专用控制信道的瓶颈

1. 问题概述

在基于专用控制信道的多信道 MAC 协议中，节点控制信道上使用 RTS-CTS-RES 握手进行信道协商，用来确定数据传输使用的信道；随后节点使用协商好的数据信道进行数据帧和 ACK 帧的收发。由于所有节点都有一个接口工作在专用控制信道，通过接收广播的握手帧可以实时更新信道使用的信息，从而解决信道协商以及潜在的多信道隐藏节点和"聋音"问题。但是，由于所有的信道协商都在控制信道上进行，在网络的节点密度大、网络负载较重的情况下，节点接入信道的竞争加剧，控制信道上的吞吐量会显著下降，这也就意味着单位时间内完成的信道协商数减少，数据信道就得不到充分的使用，网络的性能会受到严重影响。同时，当网络中可用的数据信道较多时，由于控制信道的吞吐量受限，控制信道上不足以进行充分的协商来利用所有的数据信道，信道利用率下降。由上述因素导致的网络总容量受限的现象称为专用控制信道的瓶颈问题。

2. 最优的数据信道数

通过分析瓶颈问题发生的原因可知，如果设置合适的信道数，使其与控制信道上完成的信道协商数相匹配，就可以避免专用控制信道的瓶颈问题。下面首先分析网络在饱和状态下完成一次信道协商需要的时间 T_{neg}，然后求解与控制信道上完成的信道协商数相匹配的数据信道数，即最优的数据信道数。

首先，我们按照 Bianchi 的分析模型来计算在给定网络节点密度情况下完成一次信道协商需要的时间。引入虚拟时隙的概念，信道协商过程可以简化为图 3.8 所示的虚拟时隙模型。在虚拟时隙模型中包括 3 种类型的虚拟时隙。

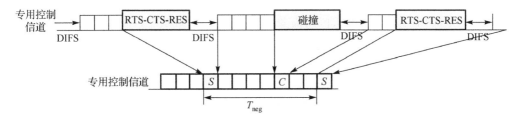

图 3.8　虚拟时隙模型示意图

（1）空闲时隙：由于每次退避都是以一个退避时隙为单位的，所以空闲时隙的长度 T_{idle} 可以表示为

$$T_{\text{idle}} = \sigma \tag{3-3}$$

（2）成功发送时隙：一次成功的协商，包括 RTS、CTS、RES 帧的发送以及帧间间隔，用 T_s 表示，则

$$T_s = E(\text{RTS}) + E(\text{CTS}) + E(\text{RES}) + \text{DIFS} + 2\text{SIFS} + 2\delta \tag{3-4}$$

（3）协商碰撞时隙：发送 RTS 帧时碰撞的时间 T_c 可以表示为

$$T_c = E(\text{RTS}) + \text{DIFS} + \delta \tag{3-5}$$

根据 Bianchi 的分析模型可知，节点在虚拟时隙发送 RTS 帧的概率 τ 和条件碰撞概率可以表示为

$$\tau = \frac{2(1-2p)}{(1-2p)(W+1) + pW(1-(2p)^m)} \tag{3-6}$$

$$p = 1 - (1-\tau)^{n-1} \tag{3-7}$$

其中，n 表示网络中的竞争节点数；W 表示最小竞争窗口；m 表示最大重传次数。

于是，公共控制信道处于空闲时隙、数据发送时隙和协商碰撞时隙的平均概率可以分别表示为

$$
\begin{aligned}
P_{\text{idle}} &= (1-\tau)^n \\
P_s &= n\tau(1-\tau)^{n-1} \\
P_c &= 1 - (1-\tau)^n - nv(1-\tau)^{n-1}
\end{aligned}
\tag{3-8}
$$

所以，公共控制信道上每一次成功的信道协商需要的平均时间，即 T_{neg} 可以表示为

$$T_{\text{neg}} = \frac{P_{\text{idle}}T_{\text{idle}} + P_s T_s + P_c T_c}{P_s} \tag{3-9}$$

接下来的问题是根据每次协商需要的时间 T_{neg}、数据帧的长度 L 和发送速率 r 求解最优化的数据信道数。以图 3.9 为例，用 T_d 表示一个收发节点对完成数据传输的时间，即

$$T_d = \frac{L}{r} + 2\text{SIFS} + E(\text{ACK}) + 2\delta \tag{3-10}$$

如果 $T_{\text{neg}} < T_d$，则在 T_d 时间内最多有 $\lceil T_d / T_{\text{neg}} \rceil$ 个收发节点对在控制信道上完成数据信道的协商，$\lceil \cdot \rceil$ 表示小于或等于自变量的最大整数。因此，最优的数据信道数是 $[T_d / T_{\text{neg}}]$，如果数据信道数继续增加，控制信道将成为网络瓶颈。

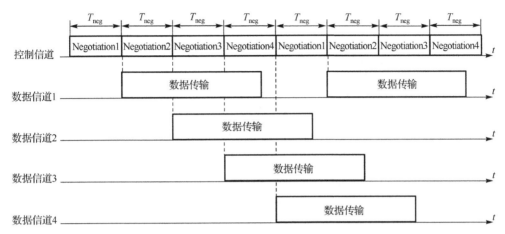

图 3.9　最优数据信道数示意图

通过以上分析可以发现缓解控制信道瓶颈问题的基本策略：①增加数据帧长度，这样在发送一个数据帧的过程中就能进行更多的信道协商；②提高控制信道的发送速率，可以通过为控制信道分配更多带宽或者使用更高阶调制的方式实现。

3.3.3　性能仿真

1. 场景设置

DCA 协议是在 NS2.1b9a 基础上实现的，主要对./NS2.1b9a 中的 trace、queue、mac、aodv 目录下的文件进行了修改，下面通过仿真阐述控制信道的瓶颈问题，并对仿真结果进行分析。仿真使用的拓扑结构为多个节点组成的格型网络，相邻节点的横纵坐标均相差 10m，节点的通信距离和干扰距离分别为 250m 和 550m。每个子信道支持的发送速率相同，节点的业务为 CBR 数据流，在网络层使用 UDP。其他仿真参数如表 3.1 所示。

2. 结果评估

首先，通过仿真说明 DCA 协议中专用控制信道的瓶颈问题。该仿真中每个数据信道支持的发送速率均为 1Mbit/s，单跳范围内的收发节点对数量为 40，发送的数据帧净负载分别为 512B、1024B 和 2048B。当专用控制信道支持的发送速率为

1Mbit/s 时，通过仿真得到的不同子信道数情况下的网络总吞吐量如图 3.10 所示。固定数据帧净负载为 1024B，当专用控制信道支持的发送速率分别为 1Mbit/s、2Mbit/s 和 6Mbit/s 时，通过仿真得到的不同子信道数情况下的网络总吞吐量如图 3.11 所示。

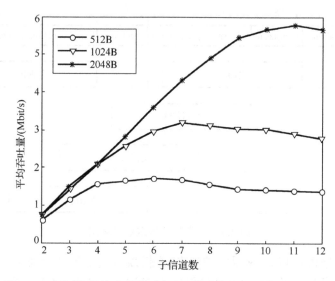

图 3.10　不同数据帧净负载时 DCA 协议的饱和吞吐量性能曲线

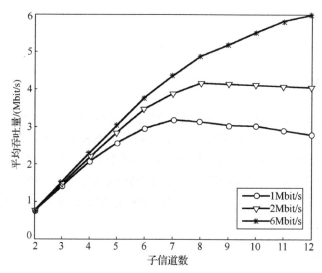

图 3.11　不同控制信道发送速率时 DCA 协议的饱和吞吐量性能曲线

通过图 3.10 和图 3.11 的仿真结果分析，我们可以得到以下两个结论。

(1)在专用控制信道支持的速率相同的情况下，发送的数据帧越长，发生瓶颈问题时的子信道数越多，网络所能达到的吞吐量越大。

(2)在发送的数据帧净负载相同的情况下，控制信道支持的发送速率越大，发生瓶颈问题时的子信道数越多，网络所能达到的吞吐量越大。

通过上述仿真可知，在瓶颈问题出现之前，DCA 协议的吞吐量性能与数据子信道数呈线性关系。但是由于 DCA 协议存在控制信道的瓶颈问题，当子信道数继续增多时，网络的吞吐量性能并不与可用的数据子信道数呈线性关系。当专用控制信道成为影响网络性能提升的瓶颈时，再增加数据子信道的数量不会带来吞吐量性能的改善。增加数据帧净负载的长度以及提高专用控制信道的发送速率可以缓解瓶颈问题，显著改善网络的性能。

其次，我们验证在不使用额外带宽资源情况下 DCA 协议的性能。仿真中可用信道支持的总的发送速率为 6Mbit/s，划分的子信道宽度相同，每个子信道支持的发送速率与划分的子信道数成反比，收发节点对的数量为 40，数据帧中净负载的长度为 512B。在不同子信道数情况下网络的吞吐量性能和应用层延时性能如图 3.12 和图 3.13 所示，可以看到当子信道数为 4 时，网络的饱和吞吐量最大。在划分的子信道数达到 4 之前，网络的吞吐量随着信道数的增加而增大；超过这个数目后，网络的吞吐量开始下降。也就是说，在给定总的可用带宽的前提下，DCA 协议的吞吐量性能并不总是随着划分的信道数增多而改善。

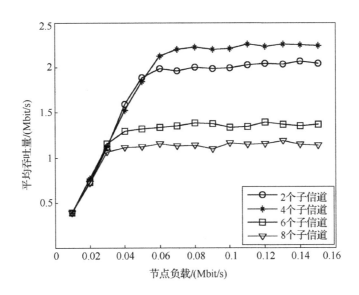

图 3.12 不同子信道数时 DCA 协议的吞吐量性能曲线

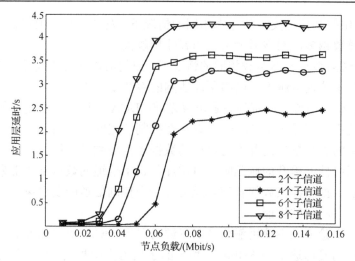

图 3.13　不同子信道数时 DCA 协议的应用层延时性能曲线

　　通过仿真可知，DCA 协议存在控制信道的瓶颈问题，会对协议性能产生重要影响，并且瓶颈问题与发送的数据帧长度和 MAC 帧的发送速率这两个因素密切相关。使用更长的数据帧长度、增加控制信道的发送速率可以缓解瓶颈问题对 DCA 协议性能的影响。如果在移动自组织网络中使用 DCA 协议，需要根据这两个因素设置合理的子信道数才能获得最好的网络性能。

3.4　小　　结

　　多信道 MAC 协议可以使多个节点在尽可能公平和无碰撞的条件下协调地接入多个信道以提高网络性能，多信道 MAC 协议与带宽自适应技术的结合也是解决日益缺乏的频带资源问题的重要途径。

　　本章所介绍的忙音多信道 MAC 协议使用一个带外忙音信号告知发送范围内的所有节点和接收范围内的所有节点当前信道的使用状况，以解决通信网络中的隐藏节点和"聋音"问题，而"聋音"问题不会引起延迟接入信道。该协议通过接收忙音来响应 RTS 分组，缩短了应答时间，从而进一步使得网络性能得到提升。而且，本章提出的协议支持带宽自适应技术，可以更进一步提高网络性能。通过 NS2 仿真，我们证明了利用信道带宽自适应技术对信道进行合理的划分，在不增加总带宽的情况下也能显著提高网络性能，说明了信道带宽自适应技术应用于多信道无线网络MAC 协议中的巨大优势。而且，即使在只使用单个信道的情况下，本章提出的 MAC协议相对于传统的 802.11 协议也有更好的性能。

　　基于控制信道的多信道 MAC 协议，在网络可用的子信道中，使用一条信道作为专用控制信道，其他信道作为数据信道。它既可以通过两种射频接口(控制接口和数据接口)来完成，也可以通过一个接口来实现。其中控制接口始终工作在专用控制信道上，负责信道协商的数据帧的收发；数据接口可以在多条数据信道上切换，负责数据帧和确认帧的收发。而对于单接口节点而言，接口需要在控制信道和数据信道间切换。基于控制信道的 MAC 协议相较于基于忙音的多信道 MAC 协议有更大的灵活性，因为其控制信道可以用于交换信息，而忙音只能用于判断信道的忙闲。

基于分割时隙的多信道 MAC 协议在时域上规定了用于控制协商的一段时间窗口，网络中的节点必须在这段时间窗口内进行信道的协商和分配。就像划定了一个专门用于开会的时间段，大家只能在这个时间段内进行协商。这种方案需要节点时间上的同步。

第4章 基于最优窗口的自适应多信道 MAC 协议

4.1 引 言

第 3 章介绍了基于专用信道进行多信道协商的协议，它的思路是让可以在多个不同信道上进行数据收发的网络各节点在频域上有个公共的信道，从而可以随时进行协商。而本章我们将介绍另外一种思路，即基于分割时隙的多信道 MAC 协议，该协议的核心思想是规定好用于控制协商的一段时间窗口，网络中的节点必须在规定的这段时间窗口内进行信道的协商和分配，而其他时间则用于各自在协商好的信道上进行数据传输。

基于分割时隙的多信道 MAC 协议能够有效解决分布式网络多信道接入中存在的多信道隐藏节点和"聋音"问题，得到了广泛的研究。在智能交通系统(intelligent traffic system，ITS)中，被采纳作为协议标准的 IEEE 802.11p[76,77]也使用这类多信道媒体接入控制策略。So 和 Vaidya 最早对基于分割时隙的多信道 MAC 协议展开研究，并在文献[11]中提出了 MMAC(multi-channel MAC)协议。借鉴 802.11 的节能机制，MMAC 协议在时间轴上划分为交替的 ATIM(Ad hoc traffic indication messages)窗口和数据窗口，这两个窗口的时间长度固定为 20ms 和 80ms，MMAC 需要全网同步以保证所有节点同时进入 ATIM 窗口进行信道协商。Maheshwari 等在文献[57]中提出了 LCM MAC(local coordination-based multi-channel MAC)协议，采用本地协作的方式解决全网同步问题，同时设置控制时隙中协商的次数不多于子信道的数目，以减小控制窗口的开销。Wang 等在文献[78]中针对协议在车联网(VANET)中的应用设计了可变控制窗口协议，根据业务负载动态调整控制窗口的长度。Zhang 等在文献[79]中建立了数学模型对基于分割时隙的多信道 MAC 协议的性能进行了研究，分析了控制窗口和数据窗口的比值对协议性能的影响。

在基于分割时隙的多信道 MAC 协议中，节点在控制窗口中收发信道协商的控制帧，其长度对协议的效率有重要影响，过短的控制窗口会导致无法完成足够多的协商以充分利用信道资源，反之，过长的控制窗口会引入较多的额外开销，影响协议效率；数据窗口发送的是有效负载，合理增加数据窗口长度可显著提高协议效率，但是过长的数据窗口会导致信道空闲，造成带宽浪费。针对这些问题，本章提出了基于最优窗口的自适应多信道 MAC 协议，可以根据网络中竞争节点的数量和发送队列的情况自适应地调整控制窗口和数据窗口的长度，既可以保证在控制窗口进行充分的协商，又能提高数据窗口在整个时隙中的比例，从而提高网络的吞吐量性能。

4.2　基于最优窗口的自适应多信道 MAC 协议与性能分析

本节首先介绍基于最优窗口的自适应多信道 MAC 协议的基本流程，然后重点介绍基于卡尔曼滤波器的控制窗口优化算法，最后建立数学模型分析该协议的性能。

4.2.1　基于最优窗口的自适应多信道 MAC 协议概述

基于分割时隙的多信道 MAC(split-phase-based multi-channel MAC) 协议能够有效解决多信道接入中存在的多信道隐藏节点和"聋音"问题，得到了广泛的研究，也是本章研究所采用的基本模型。该类多信道 MAC 协议在时间轴上划分为交替的控制窗口(control window，CW)和数据窗口(data window，DW)，节点在控制窗口将接口切换到一个默认的公共控制信道进行信道接入的协商，在接下来的数据窗口切换到协商好的数据信道上收发数据帧。协议通过为控制帧增加扩展域告知竞争节点当前数据子信道的预约使用情况，竞争节点接收到广播的控制帧后，更新扩展域并选择空闲子信道通信，既实现简单，又解决了多信道隐藏节点和"聋音"问题。下面我们以图 4.1 为例详细描述本章提出的基于最优窗口的自适应多信道 MAC 协议，讨论协议在控制窗口是如何协商使用信道来避免碰撞的。

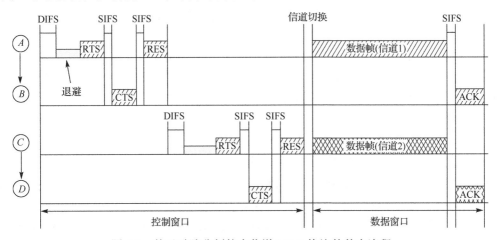

图 4.1　基于时隙分割的多信道 MAC 协议的基本流程

1. 控制窗口的操作

控制窗口中节点按照 802.11 DCF 机制竞争信道，这里采用的是 RTS-CTS-RES 三次握手。控制帧中增加了信道状态矢量(channel state vector，CSV) $\{c_1,c_2,\cdots,c_N\}$ 这一扩展域，其中 N 表示子信道数，c_k=1 表示子信道 k 已被成功预约；c_k=0 表示子信道 k 空闲。类似地，每个节点也维护了一个可用信道列表(available channel list，ACL) $\{a_1,a_2,\cdots,a_N\}$，节点会根据接收到的控制帧中的 CSV 更新 ACL。另外，控制帧中还定义了两个域：控制窗口的持续时间(CW duration，CWD)和数据窗口的持续时间(DW duration，DWD)。通过这两个域，邻居节点可以获得当前的时刻表，保证本地同步。我们还使用了多信道网络分配矢量(multi-channel NAV，MNAV)的概念，与 802.11 中的 NAV 类似，只不过该矢量表示多个子信道将要被占用的时间。

当所有的子信道空闲的时间超过 DIFS 后，有数据发送的节点启动退避计数器，首先广播 RTS 帧的节点称为主节点。主节点会根据先前周期中对公共控制信道的侦听信息，估计出最优的控制窗口和数据窗口的时间，并将这两个时间放在 RTS 帧的 CWD 和 DWD 域，邻居节点接收到这个 RTS 帧后会更新域值并按照这两个值确定两个窗口的持续时间，通过这种方式主节点建立了一个时刻表。

源节点发送的 RTS 帧中还包含信道状态矢量，目的节点接收到 RTS 帧后，将源节点的信道状态矢量与本地维护的可用信道列表对比，并选择标号最小的信道作为数据窗口发送数据帧使用的信道。于是目的节点将该信道的状态值更新为 1，在 CTS 报文中发送更新之后的信道状态矢量。源节点接收 CTS，从而获得协商好的信道标号，并在回复的 RES 帧中更新信道状态矢量。该收发节点对的邻居节点接收到 CTS 帧和 RES 帧后也更新本地的可用信道列表。这样经过三次握手，收发节点对之间通过协商确定了数据窗口发送数据帧的信道，同时邻居节点也获得了被占用的信道标号，在接下来的协商中会避免使用相同的信道，这样就可以解决多信道隐藏节点和"聋音"问题。

随后的源节点在退避计数器减小到 0 时，首先根据时刻表检查控制窗口剩余的时间是否能够容纳一次完整的协商，如果可以就按照上述流程进行信道的协商，否则推迟发送 RTS 帧直到下一个周期。

2. 数据窗口的操作

当控制窗口的持续时间结束时，协商到信道的收发节点对将收发器切换到协商好的信道上收发数据帧和 ACK 帧；未协商到信道的节点冻结退避计数器直到下一个周期。

从协议的流程可以看到，控制窗口中串行的信道协商会引入不能忽略的额外开销。为了弥补这部分额外开销，节点在发送数据帧时采用类似 TxOp(transmission opportunity)的技术，允许协商到信道的发送节点向目的节点连续发送多个帧。过长的数据窗口会导致空闲信道出现，因此，需要根据节点发送队列的状态确定合适的数据窗口长度。

本节为了使主节点确定合适的数据窗口长度，节点在发送 CTS 和 RES 帧时要计算队列中发送至下一个数据帧目的地址的数据帧的数量，并在 CTS 帧和 RES 帧中发送。这样每个节点通过侦听控制信道都可以获得下一个周期中欲发送数据帧的总数，然后下一个周期的主节点根据平均每个节点将要发送的数据帧的数量确定合适的数据窗口持续时间，并将该信息放在 DWD 域进行广播。

4.2.2　基于卡尔曼滤波器的控制窗口最优化

在基于分割时隙的多信道 MAC 协议中，控制窗口的长度对协议的性能有重要的影响。如果控制窗口过短，就不足以完成足够多的协商，数据窗口中会出现空闲的信道，造成带宽资源浪费；相反，如果控制窗口过长，协议的额外开销就会增加，系统的性能也会下降。本节提出基于卡尔曼滤波器的控制窗口最优化算法，节点首先根据先前周期中侦听得到的信道状态信息预测下一个周期中的碰撞概率，然后采用模型分析的方法推导出网络中的竞争节点数和一次协商需要的时间，最后计算得到最优的控制窗口长度，并填充到 RTS 帧的 CWD 域上。

1.　系统模型

在本章提出的多信道 MAC 协议中，节点在控制窗口按照 802.11 DCF 机制进行信道竞争接入，在数据窗口所有节点的退避计数器处于冻结状态，也就是说，数据窗口的操作不会对控制窗口中节点竞争信道产生影响。所以可以将交替的控制窗口拼接在一起，分析节点竞争信道的过程。

系统模型的简化过程如图 4.2 所示，图 4.2(a) 表示多信道 MAC 协议工作的真实过程，将数据窗口和随后的 DIFS 移除，节点进行信道协商的虚拟过程如图 4.2(b) 所示。以图 4.2 为例，信道协商过程如下。

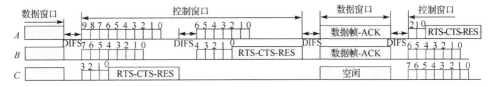

(a) 多信道 MAC 协议工作的真实过程

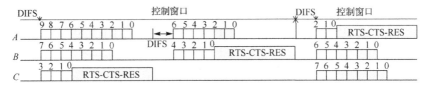

(b) 节点进行信道协商的虚拟过程

图 4.2　本章提出的多信道 MAC 协议的系统模型

(1)初始时刻，节点 A、B 和 C 的退避计数器分别为 9、7 和 3。当信道空闲的时间达到 DIFS 后，三个节点恢复退避进程。

(2)经过 3 个退避时隙后，节点 C 的退避计数器首先减小到 0。此时节点 C 向目的节点发送 RTS 帧并与目的节点完成第一次协商。由于检测到信道忙，节点 A 和 B 冻结退避计数器。

(3)当信道空闲的时间再次得到 DIFS 后，节点 A 和 B 重新开始退避，此时的退避计数器分别为 6 和 4。需要注意的是，因为节点 C 已经协商好了信道，所以不会在这个周期里再次竞争信道。

(4)经过 4 个退避时隙后，节点 B 的退避计数器减小到 0，于是发起第二次协商。此时控制窗口结束，节点 B 和 C 切换到协商好的信道上进行数据传输，节点 A 冻结退避计数器。

(5)在下一个控制窗口中，节点 B 和 C 初始化退避计数器，节点 A 恢复退避计数器，进入这个周期的信道协商过程。

通过以上描述可以看出，信道竞争的过程与 IEEE 802.11 的 DCF 机制类似，不同之处在于：在一个周期中完成协商的节点不会再参与信道竞争，这样每一次信道协商完成后竞争节点数会减少 1。但是在竞争节点数远大于信道数的网络中，这个因素不会对模型的准确性产生明显的影响，因此在本章的分析中，我们不考虑这个因素的影响。

接下来我们可以按照 Bianchi 的分析模型来分析节点竞争信道的过程。引入虚拟时隙的概念，图 4.2(b)所示的信道协商的虚拟过程可以得到进一步简化，如图 4.3 所示。在虚拟时隙模型中包括 3 种类型的虚拟时隙。

(1)空闲时隙：由于每次退避都是以一个退避时隙为单位的，所以空闲时隙的长度 T_{idle} 可以表示为

$$T_{idle}=\sigma \tag{4-1}$$

(2)成功发送时隙：一次成功的协商包括 RTS、CTS、RES 帧的发送以及帧间隔，用 T_s 表示，则

$$T_s=E(RTS)+E(CTS)+E(RES)+DIFS+2SIFS+2\delta \tag{4-2}$$

(3)协商碰撞时隙：发送 RTS 帧时碰撞的时间 T_c 可以表示为

$$T_c=E(RTS)+DIFS+\delta \tag{4-3}$$

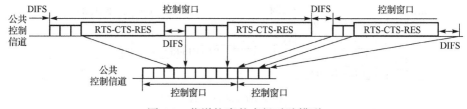

图 4.3　信道协商的虚拟时隙模型

文献[80]和文献[81]提出了网络中的节点通过侦听信道状态测量条件碰撞概率 p 的方法，并且通过仿真验证了该方法的精确性，基本原理如下：因为 p 被定义为一个给定节点发送帧失败的概率，所以对 p 的测量需要计算网络中帧发送失败的总次数并除以总的尝试发送次数，但是考虑到观测节点在所有信道忙状态下发送的帧都会失败，在信道空闲状态发送的帧都会成功，所以节点可以通过侦听信道的状态测量出条件碰撞概率 p。假设在虚拟时隙模型中信道出现空闲时隙、成功发送时隙和协商碰撞时隙的次数分别为 N_{idle}、N_s 和 N_c，则条件碰撞概率可以表示为

$$p = \frac{N_c + N_s}{N_{\text{idle}} + N_c + N_s} \tag{4-4}$$

使用这种方法，在控制窗口每个节点通过侦听公共控制信道就可以测量得到当前周期中的条件碰撞概率 p。

2. 卡尔曼滤波器的基本原理

本节我们设计了一个卡尔曼滤波器，能够根据先前周期中测量得到的条件碰撞概率估计当前周期中的条件碰撞概率 p，进而推导出其他网络状态参数。

根据 Bianchi 的分析模型可知，节点在虚拟时隙发送 RTS 帧的概率 τ 和条件碰撞概率可以表示为

$$\tau = \frac{2(1-2p)}{(1-2p)(W+1) + pW(1-(2p)^m)} \tag{4-5}$$

$$p = 1 - (1-\tau)^{n-1} \tag{4-6}$$

其中，n 表示网络中的竞争节点数；W 表示最小竞争窗口；m 表示最大重传次数。

由式(4-5)和式(4-6)可以推导出竞争节点数与条件碰撞概率的关系为

$$n = 1 + \frac{\ln(1-p)}{\ln\left(1 - \frac{2(1-2p)}{(1-2p)(W+1) + pW(1-(2p)^m)}\right)} \tag{4-7}$$

图 4.4 给出了饱和网络中在不同的最小退避窗口 W 和最大重传次数 m 的情况下，竞争节点数与条件碰撞概率的关系曲线，可以看出，根据式(4-7)由条件碰撞概率 p 推导竞争节点数 n 是比较精确的。所以，在实际网络中我们可以通过估计出的条件碰撞概率反推出竞争节点数。

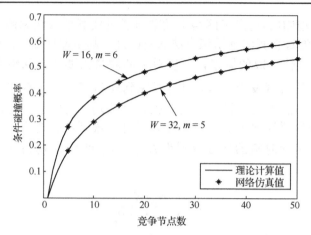

图 4.4　竞争节点数与条件碰撞概率的关系曲线

　　如前所述，网络中的每个节点通过侦听公共控制信道可以测量每个周期中控制窗口阶段的条件碰撞概率。第 k 个控制窗口中实际的条件碰撞概率用 p_k 表示，称为状态变量；节点通过侦听信道测量得到的条件碰撞概率用 z_k 表示，称为观测变量。所以可将控制窗口对条件碰撞概率的测量建模如下

$$p_k = p_{k-1} + w_{k-1} \tag{4-8}$$

$$z_k = p_k + v_k \tag{4-9}$$

其中，随机变量 w_k 和 v_k 分别表示过程激励噪声和观测噪声。假设它们是互相独立、服从正态分布的高斯白噪声

$$p(w) \sim N(0, Q) \tag{4-10}$$

$$p(v) \sim N(0, R) \tag{4-11}$$

　　在实际过程中，过程激励噪声协方差 Q 和观测噪声协方差 R 会随着每次迭代计算而变化。

　　卡尔曼滤波器用反馈控制的方法估计随机过程的状态：滤波器估计随机过程中某一时刻的状态，然后以测量变量的方式获得反馈。因此，卡尔曼滤波器的工作过程可分为两个阶段：时间更新方程和测量更新方程。时间更新方程计算当前时刻的后验状态和对误差协方差进行估计，为下一时刻的状态建立先验估计；测量更新方程通过反馈将先验估计和新的测量变量结合建立修正的后验估计。这两个阶段交替进行，提供对状态变量的实时估计[82]。在本节中，这两组更新方程可以表示如下。

　　时间更新方程为

$$\begin{cases} \hat{p}_k^- = \hat{p}_{k-1} \\ P_k^- = P_{k-1} + Q \end{cases} \tag{4-12}$$

测量更新方程为

$$\begin{cases} K_k = P_k^- / (P_k^- + R) \\ \hat{p}_k = \hat{p}_k^- + K_k \cdot (z_k - \hat{p}_k^-) \\ P_k = (1 - K_k) \cdot P_k^- \end{cases} \tag{4-13}$$

其中，–表示先验状态估计；^表示后验状态估计；P_k表示估计误差的协方差；K_k表示卡尔曼增益。

计算完时间更新方程和测量更新方程，重复上述过程，上次计算得到的后验估计作为下一次计算的先验估计，因此卡尔曼滤波器每次只根据先前的测量变量递归地计算当前的状态估计[83]，图 4.5 给出了卡尔曼滤波器的整个操作流程。

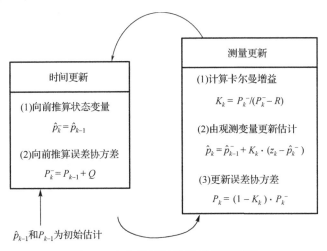

图 4.5　卡尔曼滤波器的工作原理图

对于P_{k-1}的初始值P_0，由于令$P_0=0$可能会使滤波器一直产生$\hat{p}_k=0$的结果，并且几乎任何$P_0 \neq 0$都会使滤波器最终收敛，所以在这里我们取$P_0=1$。

3. 滤波器参数设置

在本节设计的卡尔曼滤波器中，需要对两个参数进行设置：过程激励噪声协方差Q和观测噪声协方差R。

在卡尔曼滤波器的实际实现中，因为要观测整个系统过程，所以观测噪声协方差R一般可以观测得到，作为滤波器的已知条件。通常可以离线获取一些系统观测值以计算观测噪声协方差R[82]。下面我们重点讨论设置过程激励噪声协方差Q的问题。

通常设置过程激励噪声协方差Q比较困难，因为我们无法直接观测到过程信号p_k。有时可以通过Q的选择为随机过程注入一定的不确定性来建立一个简单的过程模型，从而获得可以接受的结果。在一般的系统中，过程激励噪声 w_k 被认为是一个稳定过程，其协方差 Q 被设置为一个固定值。然而，这种假设是相当武断的，事实上，大的 Q 值能够使滤波器更好地对剧烈的变化做出反应，但是会降低估计的准确性；相反，小的 Q 值虽不能对迅速的变化做出反应，但是在比较稳定的系统中估计误差较小。由于 Ad hoc 网络的拓扑结构在一段时间里可能稳定，也可能出现迅速的变化，所以在上述滤波器的设计中，设置固定的 Q 值并不可行。在图 4.6 中，我们设置 Q 的值为 0、10^{-5} 和 10^{-3}，分别估计了条件碰撞概率 p，其中 R 的值都被设置为初始化阶段计算部分观测值得到的观测噪声协方差。

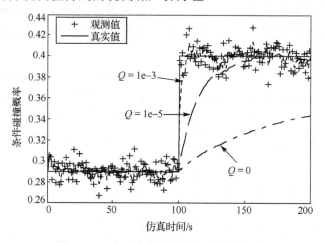

图 4.6　Q 值对卡尔曼滤波器性能的影响

从图 4.6 可以看到，设置较大的 Q 值时，卡尔曼滤波器能够跟踪得上 p 的迅速变化，但是估计的误差较大；如果设置较小的 Q 值，滤波器能起到很好的平滑作用，但是跟不上 p 的迅速变化。

在文献[83]中，作者提出了采用基于累积总结(cumulative summary，CUSUM)的变化检测器来自动检测激励噪声协方差 Q 的变化。受此启发，本章设计了类似的变化检测器来自适应地改变 Q 值，从而改善滤波器的性能。

为了方便描述，定义了测量误差的归一化值 s_k，可以表示为

$$s_k = \frac{z_k - \hat{p}_k^-}{\sqrt{(P_{k-1} + Q_k) + R_k}} \tag{4-14}$$

根据 s_k 构造的采样值 g_k^+ 和 g_k^- 可以表示为

$$\begin{cases} g_k^+ = \max(0, \quad g_{k-1}^+ + s_k - v) \\ g_k^- = \min(0, \quad g_{k-1}^+ - s_k + v) \end{cases} \tag{4-15}$$

其中，v 称为偏移常数，可以使采样值对 s_k 的波动更加敏感；g_k^+ 和 g_k^- 的初始值为 0，并且每经过一个控制窗口就会根据 s_k 更新。变化检测器的另一个参数为告警门限 h，只要 $g_k^+ > h$ 或者 $g_k^- < -h$，变化检测器就会发出警报，节点会据此调整激励噪声协方差 Q 的取值。很明显，大的 v 值和小的 h 值都会使滤波器对波动更加敏感，本章中 v 和 h 的取值恒定。激励噪声协方差 Q 的调整方法为：当检测器没有发出警报时，令 Q 为 0 以增加估计的准确性；相反，当检测器发出警报时，令 Q 为一个较大的常数以跟踪迅速的变化。采用带变化检测器的卡尔曼滤波器的性能如图 4.7 所示，可以看到当真实值不变时，滤波器能对观测值起到很好的平滑作用，消除随机波动，同时滤波器也能跟踪真实值迅速的变化。

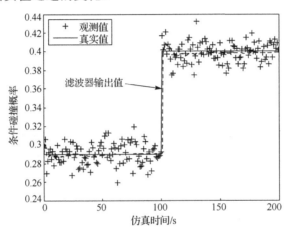

图 4.7　带变化检测器的卡尔曼滤波器的性能测试

4. 最优控制窗口计算

根据前面描述的系统模型易知，控制窗口的长度取决于两个因素：平均每次协商需要的时间，用 T_{neg} 表示；当前周期中需要协商的次数，用 N_{neg} 表示，那么控制窗口的长度可以用 $T_{neg} \cdot N_{neg}$ 表示。主节点将先前控制窗口中的碰撞概率作为卡尔曼滤波器的输入，按照上述算法计算得到的对当前控制窗口的条件碰撞概率的估计为 $\hat{p}_k$。根据式(4-7)，对当前网络中的竞争节点数的估计可以表示为

$$\hat{n}_k = 1 + \cfrac{\ln(1-\hat{p}_k)}{\ln\left(1 - \cfrac{2(1-2\hat{p}_k)}{(1-2\hat{p}_k)(W+1) + \hat{p}_k W \left(1 - (2\hat{p}_k)^m\right)}\right)} \tag{4-16}$$

节点在每个虚拟时隙的平均发送概率可以表示为

$$\hat{\tau}_k = \frac{2(1-2\hat{p}_k)}{(1-2\hat{p}_k)(W+1)+\hat{p}_k W(1-(2\hat{p}_k)^m)} \tag{4-17}$$

于是，公共控制信道处于空闲时隙、数据发送时隙和协商碰撞时隙的平均概率可以分别表示为

$$
\begin{aligned}
P_{\text{idle}} &= (1-\hat{\tau}_k)^{\hat{n}_k} \\
P_s &= \hat{n}_k \hat{\tau}_k (1-\hat{\tau}_k)^{\hat{n}_k-1} \\
P_c &= 1-(1-\hat{\tau}_k)^{\hat{n}_k} - \hat{n}_k \hat{\tau}_k (1-\hat{\tau}_k)^{\hat{n}_k-1}
\end{aligned}
\tag{4-18}
$$

所以，公共控制信道上每一次成功的信道协商需要的平均时间，即 T_{neg} 可以表示为

$$T_{\text{neg}} = \frac{P_{\text{idle}}T_{\text{idle}} + P_s T_s + P_c T_c}{P_s} \tag{4-19}$$

对于需要的协商次数 N_{neg}，考虑到实际系统中协商次数受限于估计的竞争节点数 $\hat{n}_k$ 和网络中总的子信道数 N_{channel}，也就是说 N_{neg} 要满足以下两个约束条件：① $N_{\text{neg}} \leqslant \hat{n}_k$，即协商次数不可能多于竞争节点数；② $N_{\text{neg}} \leqslant N_{\text{channel}}$，即每个信道只能被预定一次，协商次数不能多于子信道数。所以可以将 N_{neg} 简单地设定为

$$N_{\text{neg}} = \min(\hat{n}_k, N_{\text{channel}}) \tag{4-20}$$

到此，主节点就计算得到了最优控制窗口的长度。其中，T_{neg} 和 N_{neg} 都与估计的条件碰撞概率 $\hat{p}_k$ 有关，也就是说，本节中最优控制窗口的计算考虑了网络实时的拥塞程度，既保证了竞争节点能够进行充分的协商以使用子信道通信，又避免了过长的控制窗口带来的带宽资源的浪费。

4.2.3 基于最优窗口的自适应多信道 MAC 协议性能分析

为了简化分析模型，本节我们只讨论主节点和其邻居节点构成的单碰撞域，在考察的时刻竞争节点数为 n，条件碰撞概率为 p。假设网络处于饱和状态，即节点的发送队列始终不为空，每个节点数据帧的净负载均为 L，帧头开销为 H，每个周期中协商成功的节点只允许发送一个数据帧。网络中的信道为理想信道，帧发送失败都是由于碰撞造成的。

考虑最理想的情况，卡尔曼滤波器估计的条件碰撞概率与实际的碰撞概率相同，在最优的控制窗口中完成了 N_{neg} 次协商。于是控制窗口的时间可以表示为

$$T_{\text{cw}} = T_{\text{neg}} \cdot N_{\text{neg}} \tag{4-21}$$

其中，T_{neg} 和 N_{neg} 分别如式(4-19)和式(4-20)所示。

数据窗口中只有数据帧和 ACK 帧的收发，所以数据窗口的长度为

$$T_{dw}=E(L)+E(H)+SIFS+\delta+E(ACK) \tag{4-22}$$

于是网络的总吞吐量可以表示为

$$S=\frac{N_{neg}\cdot L}{T_{cw}+T_{dw}} \tag{4-23}$$

考虑竞争节点数 n 与子信道数 $N_{channel}$ 的关系，总吞吐量可以进一步表示为

$$S=\begin{cases} \dfrac{nL}{T_{cw}+T_{dw}}, & n\leqslant N_{channel} \\[3mm] \dfrac{N_{channel}L}{T_{cw}+T_{dw}}, & n>N_{channel} \end{cases} \tag{4-24}$$

每个子信道支持的发射速率均为 r，则系统总的发射速率为 $N_{channel}\cdot r$，假设控制帧和数据帧的发送速率相等。按照表 4.1 设置参数，数据帧的净负载 L 为 1024B，则系统控制窗口的长度和总吞吐量在不同子信道数时随竞争节点数变化的曲线如图4.8所示。从图中可以看出，随着信道数的增加，控制窗口的长度几乎成比例地增加，这主要是由于当竞争节点数大于信道数时,控制窗口需要完成的协商数等于信道数；同时系统的吞吐量性能也明显提高，但是吞吐量的提高并不与信道数呈线性关系，主要是由于随着信道数的增加，控制窗口需要完成的协商数增加，额外开销的增加影响了吞吐量的线性提升。

表 4.1　协议仿真参数设置

参数	值	说明
σ	20μs	时隙时间
SIFS	10μs	SIFS 帧间隔时间
DIFS	50μs	DIFS 帧间隔时间
δ	1μs	最大传输时延
CW_{min}	32	最小竞争窗口
m	5	最大重传次数
r	1Mbit/s	系统的总发射速率
PHY header	192bit	物理帧头长度，包括 PLCP 前导与 PLCP 头
MAC header	272bit	MAC 帧头长度
H	PHY header+MAC header	帧头总长度，包括物理头和 MAC 头
ACK	112bit +PHY header	ACK 帧长度
RTS	160bit +PHY header	RTS 帧长度
CTS	112bit +PHY header	CTS 帧长度
RES	112bit +PHY header	RES 帧长度

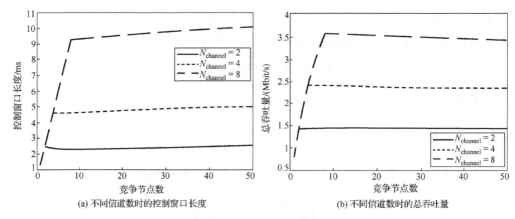

(a) 不同信道数时的控制窗口长度　　　　　　(b) 不同信道数时的总吞吐量

图 4.8　系统控制窗口长度和总吞吐量随竞争节点数变化曲线

考虑数据窗口的优化,即允许节点在一个发送周期最多连续发送 M 个数据帧,这里一个数据帧的净负载为 1024B,系统的信道数设定为 8,节点的发送队列足够长。总吞吐量性能如图 4.9 所示,可以看出,随着允许发送数据帧数量的增加,系统的性能逐渐提升,这主要是由于随着发送数据帧的增加,控制窗口占整个发送周期的比例下降,额外开销的相对减少导致总吞吐量性能提高。

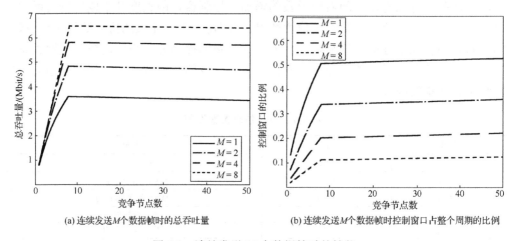

(a) 连续发送 M 个数据帧时的总吞吐量　　　(b) 连续发送 M 个数据帧时控制窗口占整个周期的比例

图 4.9　连续发送 M 个数据帧时的性能

4.3　基于最优窗口的自适应多信道 MAC 协议的性能仿真

4.3.1　协议仿真模型及参数设置

我们使用 NS2 仿真器比较了本章提出的多信道 MAC 协议与单信道 MAC、

MMAC 和 LCM MAC 的吞吐量性能。在仿真中使用的参数如表 4.1 所示，节点的通信距离为 250m，载波侦听距离为 500m，50 个竞争节点随机分布在 100m×100m 的范围内，随机选择目的节点，每个数据帧的净负载为 1024B，每个子信道支持的发送速率均为 1Mbit/s。

　　由于我们已经验证了卡尔曼滤波器在网络节点数稳定以及节点数迅速变化时的估计性能，所以在该仿真中，我们只比较网络在稳定状态下各协议的总吞吐量性能。

4.3.2　仿真结果与分析

　　我们分别仿真了 4 个子信道时各协议的吞吐量性能，每个信道的发送速率为 1Mbit/s。为了保证比较的公平性，在成功协商后，每个节点只能发送一个数据帧。在 MMAC 协议[11]中，ATIM 窗口和数据窗口的长度分别设置为固定的 20ms 和 80ms，但是在本节的仿真中，将数据窗口的长度设置为完成一次 DATA-ACK 交互需要的时间。系统的总吞吐量随业务负载变化的曲线如图 4.10 所示，可以看到，三种多信道 MAC 协议的性能都优于 802.11 协议，其中本节提出的协议性能最好，主要是因为该协议设置了最优化的控制窗口长度，既能够保证进行足够多的协商，又避免了设置过长的控制窗口引入更多的额外开销，协议效率最高；其次是 LCM MAC，该协议只根据上个周期中完成的协商数调整当前周期需要的协商数，不能根据网络状态确定每次协商需要的时间，还是会出现潜在的控制窗口过长或者过短的问题；MMAC 协议中控制窗口长度固定，不能根据网络负载动态调整，性能最差。

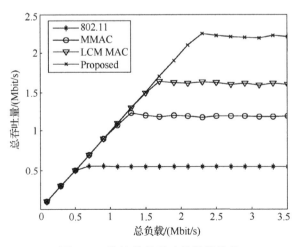

图 4.10　协议的总吞吐量性能比较

4.4　小　　结

　　本章介绍了基于分割时隙的多信道 MAC 协议，其不需要专门的控制信道协商，而是在某一控制窗口内选择一个数据信道用于协商。基于分割时隙的多信道 MAC 协议能够很好地解决分布式网络中的多信道隐藏节点和"聋音"问题，但是控制窗口和数据窗口的长度对协议的性能有重要的影响。本章还介绍了通过侦听信道测量网络状态，并使用带变化检测器的卡尔曼滤波器估计下一个周期最优的控制窗口长度，理论分析和仿真都验证了该协议的优越性。

在分布式自组织网络中，如果既没有事先规定的专用信道，节点间也不能准确同步，该如何协商多信道的使用呢？多信道盲汇聚技术正是为了解决该问题而发展起来的。

第 5 章　多信道盲汇聚技术

5.1　引　　言

近年来，无线通信技术的快速发展对无线网络的性能提出了越来越高的要求。一方面，通信设备的指数级增加使得频谱环境日益恶化，另一方面，大量的授权用户（主用户，primary user，PU）对频谱的使用效率低下加剧了频谱资源的使用竞争。为了解决这一问题，Mitola 博士于 1999 年提出了认知无线电概念，旨在利用一系列先进技术在保证主用户频谱利益的前提下使未授权用户（次用户，secondary user，SU）增加对低效率频段的使用率，一方面能增加频谱利用率，使频谱资源得到充分使用；另一方面能缓解频谱竞争，从而改善通信质量。目前，电气和电子工程师协会已经制定了全球第一个利用认知技术来规范使用电视空白频段的标准，即 IEEE 802.22 标准。

尽管 IEEE 802.22 标准在 MAC 规定了次用户可以利用认知技术动态接入空白频谱，然而在标准中有很多具体的技术问题仍没有得到很好的解决。在这些技术问题中，"汇聚（rendezvous）"问题尤为重要。在认知无线网络中，次用户在互相传输数据信息之前需要利用一定的机制来确定对方所使用的频率（信道），进而建立通信链路，这一过程称为汇聚。

早期关于解决汇聚问题的工作大多是假设网络环境中存在一条公共的控制信道，该信道可以被网络中所有次用户所感知和使用，利用公共控制信道所有次用户可以在该信道上进行控制信道的交互并完成汇聚过程。然而这种汇聚方式可能存在三个主要问题：①在实际场景中，频谱环境往往是变化的，很难存在一条固定不变的公共控制信道；②即使存在控制信道，其固定带宽也会成为整个网络控制信道的吞吐量瓶颈；③固定的控制信道很容易遭受干扰或攻击。

为了解决上述问题，不依赖于任何公共控制信道的"盲汇聚（blind rendezvous）"机制被研究者提出并吸引了大量关注。盲汇聚机制的主要特征是利用了信道跳变（channel-hopping）技术，旨在使次用户在可用信道上进行信道切换从而使用动态的频谱环境。

下面我们将对盲汇聚问题进一步介绍和探讨。

5.2 经典盲汇聚算法分析

本节选择 GOS、RW、Jump-Stay、ACH 和 AHW 这五种具有代表性的典型盲汇聚算法进行性能对比。下面对这五种算法的核心思想进行简单的阐述和说明。

5.2.1 GOS 算法

Theis 和 DaSilva 于 2008 年提出了 GOS(generated orthogonal sequence)算法。其核心思想是最大化次用户在同一信道上相遇的概率。

在 GOS 算法中,各次用户利用自身的信道序列产生器来生成各自的信道访问序列,并按照序列顺序进行信道跳变,其信道访问序列的生成方式如图 5.1 所示。

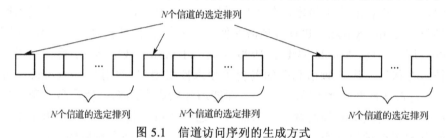

图 5.1 信道访问序列的生成方式

举例来说,可用信道数 $m = 5$ 时,随机选择一个排序组合为 $\{3,2,5,4,1\}$,根据图 5.1 产生信道访问序列 **3**,3,2,5,4,1,**2**,3,2,5,4,1,**5**,3,2,5,4,1,**4**,3,2,5,4,1,**1**,3,2,5,4,1。

5.2.2 RW 算法

RW(ring walk)算法由香港浸会大学 Liu 等提出。其基本思想是:频谱环境中的每个信道被看作一个环内的顶点,次用户以一定"步速"在环内顺时针前进,每到一个顶点相当于访问该顶点代表的信道。因此,具有不同"步速"的次用户可以在某个时刻同时到达同一顶点,即达成汇聚。

RW1 跳变算法
1 输入:M, v, i_0, t
2 输出:信道 c
3 $n = \lfloor t/v \rfloor$
4 $i = (i_0 + n - 1) \% M + 1$
5 return $c = c$

其中,M 代表信道数,v 为网络内次用户 ID,i_0 为随机选择的起始信道标号,t 为从 0 开始的时隙计数器。

　　由于 RW 算法需要用户 ID 进行信道跳变，在分布式网络中用户 ID 的指派和获取都是非常难以实现的，因此，RW 算法在分布式网络的实用性难以得到保证。

5.2.3　Jump-Stay 算法

　　Jump-Stay（JS）算法由香港浸会大学 Liu 等提出。算法基本概念是以周期循环的形式产生信道跳变序列，一个循环周期内包含两种模式：跳变模式和等停模式。在跳变模式内，次用户根据信道跳变序列在可用信道上进行跳变切换；在等停模式内，次用户在某个可用信道上停留若干时隙。

　　JS[84,85]算法最基本的思路是周期性地产生信道跳变序列，在一个周期内包含一个跳变部分和一个停留部分，处于跳变部分的节点在所有可用信道上进行跳变，处于停留部分的节点在指定的信道上停留等待。该算法最核心的思路为选定一个大于信道数的最小质数，随机选取一个步长和信道标号，通过对当前时隙数的比较判断下一时隙处于跳变或停留部分，然后通过选取的信道标号和步长的运算以及对该最小质数的求余运算得出下一时隙需要跳变到的信道标号，当下一时隙来临时，节点跳变到计算出的信道上，并重复上述过程。这种算法的特点是在一个信道跳变周期内，节点在不同信道上停留的时隙数不一致，最后算法通过汇聚成功后节点间信道跳变序列参数传递达到全网节点信道跳变的一致性。

　　为了产生信道跳变序列，次用户需要预先选择三个参数：大于信道数 M 的最小素数 P，$1\sim M$ 的非零随机数 r 和 $1\sim P$ 的指数 i。在每个循环周期内，跳变模式持续 $2P$ 个时隙，等停模式持续 P 个时隙，因此总周期为 $3P$ 个时隙。在跳变模式内，次用户从信道 i 开始跳变，每次跳变步长为 r；在等停模式内，次用户在信道 r 上停留。

JS 跳变算法
1 输入：M, P, r, i, t
2 输出：信道 c
3 $t = t \bmod 3P$;　　　　　　//每个周期为 $3P$ 个时隙
4 if($t < 2P$) $j = ((i + tr - 1) \bmod P) + 1$;　　//跳变模式
5 else $j = r$;　　　　　　　　　　//等待模式
6 end
7 if($j > M$) $j = ((j - 1) \bmod M) + 1$;　　end//重新规划
8 return $c = c_j$

　　其中，t 为从 0 开始的时隙计数。

　　第 3 行中 mod 为求余操作，其目的是使得到的访问信道在可用信道集内。

　　为了使汇聚算法性能更均衡，参数 r 和 i 在每轮都会进行调整。

算法 JS_2

1 输入：M, C_k　//用户 k

2 $P = $ 大于 M 的最小质数；

3 $r_0 = \text{rand}[1, M]$；$i_0 = \text{rand}[1, P]$；$t = 0$；

4 while(not rendezvous)

5 $n = \lfloor t / (3P) \rfloor$；$r = ((r_0 + n - 1) \bmod M) + 1$；

6 　　$m = \lfloor t / (3MP) \rfloor$；$i = ((r_0 + m - 1) \bmod P) + 1$；

7 $c = \text{JSHopping}(M, P, r, i, t)$；

8 if $c \notin C_k$

9 　　$c = \text{RandomSelect}(C_k)$；

10 　　end

11 　　$t = t + 1$；

12 　　试图在信道 c 上汇聚；

13 end

即参数 r 每 $3P$ 个时隙变换一次，参数 i 每 $3MP$ 个时隙变换一次。

5.2.4　ACH 算法

ACH[86] (asynchronous channel hopping) 算法由北京大学的 Bian 和弗吉尼亚理工学院的 Park 提出。该算法利用了 Quorum 系统的相交性和循环闭包性对信道跳变序列进行设计。其主要思想是构建一个包含两个 Quorum 元素 p、q 的 Quorum 系统 Q，p、q 分别代表收发次用户的信道跳变序列，因此收发序列满足相交性和循环闭包性，即满足了保证性汇聚。

ACH 算法不仅包含了根据节点收发角色不同产生不同信道跳变序列的方法，还提出了一种无须确定节点收发角色的信道跳变序列，即网络中所有节点的信道跳变序列产生方法相同，但是这种方法需要依靠节点 ID 的比特序列，汇聚时间也相对较长。由于该算法汇聚具有一定规律性，所以其抗干扰性能也有所下降。

发送节点跳变序列

1 输入：总信道数 N，发送节点序列阵 $S[\cdot][\cdot]$

2 输出：发送节点序列 u

3 $\{h_0, h_1, \cdots, h_{N-1}\} \leftarrow \{0, 1, \cdots, N-1\}$ 的一个组合

4 将 h_j 赋值为矩阵 S 的第 j 列元素，其中 $j \in [0, N-1]$

5 for $j = 0$ to $N-1$ do

6 for $i = 0$ to $N-1$ do

7 　　　$u_{i.N+j} = S[i][j]$

8 　　end for

9 end for

接收节点跳变序列

1 输入：总信道数 N，接收节点序列阵 $R[\cdot][\cdot]$

2 输出：接收节点序列 v

3 $\{h_0, h_1, \cdots, h_{N-1}\} \leftarrow$ a permutation of$\{0, 1, \cdots, N-1\}$

4 选择N阵列含有 N 个非连续Span的Quorums$_0, \cdots, s_k, s_{N-1}$

5 for $i = 0$ to $N - 1$ do

6 　　for $j = 0$ to $N - 1$ do

7 　　　　if $R[i][j] \in s_k$ then

8 　　　　　　$v_{i \cdot N+1} = h_k'$

9 　　　　end if

10 　　end for

11 end for

其中，N 为信道总数；h_i 为信道标号；s_k 为 span 元素。

5.2.5　AHW 算法

AHW[87] (alternate hop-and-wait) 算法由 Chuang 等提出，主要目的是解决 JS 算法在信道非对称条件下 ATTR 过大的问题。其主要思想类似于 RW 和 JS 算法，不同之处在于利用次用户 ID 的最低有效位(least significant bit，LSB)来产生跳变模式或等停模式。在新一轮跳变序列产生中，次用户会进行 ID 右旋操作，即最低有效位左侧位将被右移至最低有效位，原最低有效位将被移至最高有效位。为了避免右旋过后 ID 重复问题，AHW 算法将 ID 串进行修改，即在最高有效位引入比特"2"。那么其跳变和等停模式产生方式如图 5.2 所示。

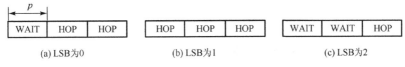

(a) LSB为0　　　　　　　(b) LSB为1　　　　　　　(c) LSB为2

图 5.2　跳变和等停模式产生方式

程序 bit_0

1 输入：M, P, i_u, r_u, t

2 输出：信道 x

3 $t = t\%(3P);$　　　　//每比特持续$3P$个时隙

4 if$(t < P)$ $x = i_u;$　　　　　　　//等待模式

5 else $x = (i_u + t \cdot r_u - 1)\%P + 1;$　　　　//跳变模式

6 end

7 if$(x > M)$ $x = (x-1)\%M + 1;$　end　//在$[1, M]$中重新规划

8 return x

```
程序 bit_1
1 输入：M, P, i_u, r_u, t
2 输出：信道 x
3 t = t%3P;        //每比特持续3P个时隙
4 x = (i_u + t · r_u-1)%P + 1;        //跳变模式
5 if(x > M) x = (x-1)%M + 1;  end   //在[1,M]中重新规划
6 return x
```

```
程序 bit_2
1 输入：M, P, i_u, r_u, t
2 输出：channel x
3 t = t%3P;        //每比特持续3P个时隙
4 if(t < 2P)x = i_u;           //等待模式
5 else x = (i_u + t · r_u-1)%P + 1;          //跳变模式
6 end
7 if(x > M) x = (x-1)%M + 1;  end   //在[1,M]中重新规划
8 return x
```

5.3　基于信道跳变的盲汇聚动态接入技术研究

5.2 节介绍了目前主要的信道跳变算法。本节我们介绍目前信道跳变算法仍存在的问题和挑战，针对这些问题和挑战，我们将设计一种适用于分布式网络的具有全分集保证性汇聚性能的信道跳变算法，实验仿真验证了该算法的优异性能。

5.3.1　基于信道跳变的盲汇聚算法设计

1. 系统模型和问题描述

在本章中，假设这样一个环境：在同一无线网络区域中共有 N 个用户节点分布在不同的位置，其中，发送节点可以表示为 U_S，接收节点可以表示为 U_R，同时，每个用户节点都配备了一个既可以用于频谱检测又可以进行数据收发的半双工无线电设备。区域中的频谱资源被划分为 $M(M > 1)$ 个不重叠的正交信道，可用信道集可以表示为 $C = \{c_1, c_2, \cdots, c_M\}$，其中 c_i 代表第 i 个信道，令 $C_S \subseteq C$ 表示 U_S 的可用信道集，数量为 M_S，$C_R \subseteq C$ 表示 U_R 的可用信道集，数量为 M_R，并且 U_S 和 U_R 之间的公有可用信道集可以表示为 $G_{S,R}$。不仅如此，所有信道标识都可以被区域中所有节点所认知。

总体来说，需要设计一个能够实现快速全分集汇聚的盲汇聚算法。下面将对算法设计中需要解决的问题进行详细阐述。

(1)保证性汇聚：本章提出的算法需要解决的最基本的问题就是要达到保证性汇聚，即确保任一对收发节点在一定时间内可以达成汇聚。

(2)全分集汇聚：提出的算法能够使收发节点在任一共有可用信道上达成汇聚。从这个意义上来说，全分集汇聚提高了无线网络的抗干扰通信性能。

(3)信道对称和非对称模型的适用性表述如下。

信道对称模型：所有的用户节点都具有相同的可用信道集。即对于所有 U_S 和 U_R，都有 $C_S = C_R$。为了方便，我们规定在信道对称模型下，$C_R = C_S = C$。

信道非对称模型：在信道非对称模型下，不同用户节点之间具有不同的可用信道集。但是为了确保节点间的汇聚，规定任意一对节点的可用信道集的交集不为空集，即对于所有 U_S 和 U_R，$G_{S,R} \neq 0$。也就是说，任一对收发节点间必有至少一个共有可用信道。

设计的算法应该在信道对称及信道非对称模型下都具备较好的性能。

(4)时隙结构：为了适应现有的以 IEEE 802.11 为基础的 MAC 协议，本章设计的算法使用了一种固定时隙结构。在每个固定时隙的开始时刻，发送节点在不同信道上跳变以便与接收节点达成汇聚。为了更好地解决隐藏节点问题，IEEE 802.11 协议中使用了 RTS 帧和 CTS 帧的握手过程。因此，在固定时隙的设计中，时隙长度必须保证一个 RTS 帧和 CTS 帧的成功交换，规定这样的时隙长度称为最小信息交换耗时长度，表示为 T，如图 5.3 所示。在现有的大部分算法中[84-87]，对于时隙长度的设计往往是一个时隙能够满足多个数据帧的交换，也就是说一个时隙包含了几个 T 的长度，例如，在 JS 算法中，一个时隙的长度是 $2T$。在这种结构下，即使各个节点开始信道跳变的时刻不一样，节点间时隙重叠的时长总是大于 T 的，这种结构称为时隙同步技术。

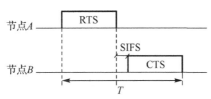

图 5.3　一次握手过程最少耗时示意图

(5)异步环境：在分布式无线网络中，严格的时间同步环境难以实现，不仅如此，对于动态网络，不同用户节点可能在不同的时刻开始信道跳变。因此，提出的算法需要满足时间异步的要求。

(6)不需要额外开销：设计的算法不需要任何像用户节点 ID、网络规模和额外硬件设备这样的开销。额外的开销往往意味着其他方面的限制，为了达到较好的全面性能，提出的算法应不需要任何额外开销。

在本章中，需要设计出一种能够实现全分集快速汇聚的盲汇聚算法。这种算法不仅适用于对称和非对称模型，而且可以在多节点多跳场景下获得较好的性能。

2. 盲汇聚算法设计

算法最基本的原理来源于钟表的运行。如图 5.4 所示，在一个表盘中，有一个长针、一个短针和 12 个刻度线。当长针和短针顺时针转动时，不论长针、短针的开始位置如何，由于它们的旋转速度不同，总有一个时刻长针和短针会相聚重叠。同样，在一个分布式无线网络中，将收发节点的信道跳变行为模拟成长针和短针的运行，表盘刻度代表不同的信道。那么，长短针的旋转速率代表了收发节点的信道跳变频率。因此，长短针的相聚重叠就代表了收发节点的成功汇聚。

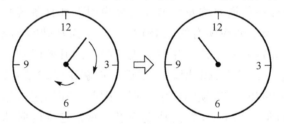

图 5.4　时钟指针重叠过程

假如钟表指针的旋转速度可以人为设定，那么长短针之间的速率差越大，两针相遇重叠的时间就会越短，意味着节点间汇聚就会越快。也就是说，为了完成节点的快速汇聚，收发节点中一个节点保持以最大频率进行信道跳变，另一节点保持较小频率跳变。但是，信道跳变得越快，节点在信道上等待的时间就越短，然而为了保证握手过程的完整性，节点在信道上停留的最短时间不能小于 T，即信道跳变速率不能大于 $1/T$。同样，为了保证帧传输的完整性，节点在信道上停留的时间必须是 T 的整数倍。所以，为了保证汇聚快速达成，只需指定收发节点中某一节点在每个信道上停留的时间为 T，另一节点停留时间为 $NT(N>1)$。

我们知道，钟表的长短针相遇的条件之一是长短针存在速率差，另一个重要条件是长短针的运动方向相同，对应到信道跳变中，就是收发节点的信道跳变顺序是一样的。然而，在同一无线网络中，相同的信道跳变顺序无疑会大大增加节点间的通信冲突，造成网络拥塞。为了解决这一问题，本章采用随机信道跳变列表和固定信道跳变序列的信道跳变方式。即节点随机排序所有可用信道标号生成信道跳变列表，表示一个跳变周期内对所有可用信道的随机访问，同时周期性重复信道跳变列表生成信道跳变序列。一旦确定了跳变序列，节点会一直按照跳变序列进行信道跳变直至达成汇聚。值得注意的是，在一次汇聚中节点的信道跳变序列是唯一确定的，而在节点的整个通信行为过程中跳变序列可以是不相同的，即节点每一次开始新的汇聚时都可能随机产生不相同的信道跳变序列。

根据对时隙结构的设定，发送节点在时隙开始时刻主动发送 RTS 帧请求汇聚，在时隙结束前接收到接收节点的 CTS 帧则认为汇聚成功。因此，对于发送节点来说，每一个 T 时隙的开始时刻就需要发送一个 RTS 帧，而对于接收节点，在 T 时隙内只需要侦听相应信道并在接收到 RTS 帧后回复 CTS 帧即可。那么根据以上推理，如果指定发送节点在信道上停留时间为 NT，就意味着发送节点在每一个信道上都需要发送 $N(N>1)$ 个 RTS 帧，同时接收节点需要频繁地跳变信道并在信道上停留时间 T。首先，从能耗角度分析，发送节点在每个信道上发送越多 RTS 帧以及接收节点的信道跳变越频繁就需要消耗越多能量；其次，从信道负载角度考虑，发送节点在每个信道上发送越多 RTS 帧，信道就需要背负越多的负载压力，通信效率就会受到越大的影响。因此，如果指定发送节点在每个信道上停留时间 T 并在时隙开始时刻发送一个 RTS 帧，接收节点在信道上停留侦听时间 $NT(N>1)$，不仅减少了能量消耗，而且提高了建链和通信效率。

在对停留时间 NT 的研究中发现，N 大小的选择会影响算法的汇聚保证性和分集性，其中的一种情况如图 5.5 所示。图 5.5 为在 $M=3$ 的情况下，收发节点中发送节点停留时间为 T，接收节点停留时间为 $2T$ 的信道跳变情况，数字标号表示信道跳变的顺序。从图中可以发现，按照上述周期跳变规则，收发节点之间将永远无法汇聚。也就是说，接收节点的信道停留时间必须大于等于 MT 才有可能汇聚。

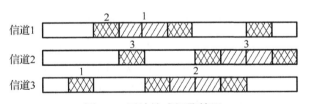

图 5.5　无法达成汇聚情况

上述过程是在时隙同步条件下进行的。在时隙同步条件下，收发节点中发送节点停留时间为 T，接收节点停留时间为 MT 时，收发节点之间才能够保证汇聚成功。但是算法的设计是要保证在时间异步条件下适用，将上述结论应用于时间异步环境中时，虽然可以达成汇聚的保证性，但是汇聚的全分集将无法保证。图 5.6(a) 和图 5.6(b) 分别为接收节点停留 MT 和 $(M+1)T$ 的信道跳变情况，每一个方框代表一个 T 的时隙长度，方框中的数值表示节点所处信道的标号，阴影部分表示收发节点处于相同信道的时间长度。从图 5.6(a)可以看到，在信道停留时间为 MT 的情况下，虽然节点可以在信道 1、2 上达成汇聚，但在信道 3 上的重叠时间总是小于 T，即节点在信道 3 上永远无法达成汇聚。将接收节点信道停留时间从 MT 延长到 $(M+1)T$，如图 5.6(b)所示，收发节点之间不仅可以在信道 1、2 上达成汇聚，在信道 3 上也可以完成汇聚，保证了汇聚的全分集。因此，在接收节点的信道停留时间设计上，为了达成在异步环境下汇聚的保证性和全分集，指定发送节点的信道停留时间为 T，接收节点的信道停留时间为 $(M+1)T$，M 为网络中可用信道数。

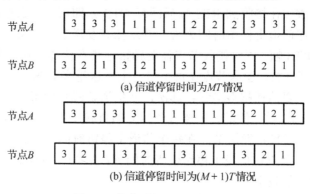

图 5.6　停留时长对汇聚的影响

值得注意的是，网络中的节点既可以作为发送节点，也可以作为接收节点。当节点没有数据发送需求时，节点作为接收节点并按照信道跳变列表以接收节点的跳变频率进行信道跳变，即节点在每个信道上停留时间为 $(M+1)T$。一旦节点有数据需要发送，节点就会转变为发送节点，并以发送节点的跳变频率进行信道跳变，即在每个信道上停留时间为 T。

我们以 $M=3$ 为例对算法的具体操作进行详细描述。根据算法设计，节点根据自身的信道跳变序列进行信道跳变操作，在此之前，节点需要产生自身的信道跳变列表。在本章中，信道列表的产生采用信道标号随机排序的方式。例如，$C=\{1,2,3\}$ 表示网络环境中有 3 条被标记为 1、2、3 的可用信道。根据随机排序的方式，信道跳变列表可能为 $\{1,2,3\}$，$\{1,3,2\}$，$\{2,1,3\}$，$\{2,3,1\}$，$\{3,1,2\}$，$\{3,2,1\}$ 中的一种。由于节点既可以为发送节点也可以为接收节点，相应的信道跳变序列并不相同。假如节点已经产生的信道跳变列表为 $\{2,1,3\}$。那么，如果节点为发送节点，它的信道跳变序列为周期性地重复信道跳变列表，即 $\{2,1,3,2,1,3,2,1,3,\cdots\}$，直到节点达成汇聚。相反，如果节点作为接收节点，即节点没有数据发送需求，信道跳变序列为在周期性重复信道跳变列表的基础上信道停留时间扩展到 $(M+1)T$，即 $\{2,2,2,2,1,1,1,1,3,3,3,3,2,2,2,2,1,1,1,1,3,3,3,3,\cdots\}$。

5.3.2　基于信道跳变的盲汇聚算法的性能分析

汇聚时间(time-to-rendezvous，TTR)是盲汇聚算法评估最重要的准则之一。汇聚时间代表了使用同一汇聚算法的用户节点从开始汇聚直至汇聚达成时所消耗的时隙数量。由于节点跳变开始时刻的随机性以及跳变序列的不一致性，衡量算法的汇聚时间往往不是一个固定值。因此，最大汇聚时间(maximum-time-to-rendezvous，MTTR)和平均汇聚时间(average-time-to-rendezvous，ATTR)被引入作为衡量算法性能的两个重要指标。在本章，我们首先通过理论推导分析，获得了所提出的盲汇聚算法在 Ad hoc 网络中点对点汇聚情形的 MTTR 和 ATTR 上限；其次我们定义了在分布式网络中多节点汇聚的情形，并通过理论分析获得了多节点汇聚的 MTTR 和 ATTR 上限；最后通过仿真证明了本章算法性能的优越性。表 5.1(a)和表 5.1(b)分别总结对比了现存的比较有代表性的信道跳变算法的 MTTR 和 ATTR 上限。

表 5.1　代表性盲汇聚算法汇聚时间比较

(a)　信道跳变算法的 MTTR 比较

算法	点对点汇聚		多节点汇聚	
	对称模型	非对称模型	对称模型	非对称模型
JS[84,85]	$3P$	$3MP(P-G)+3P$	$3PD$	$[3MP(P-G)+3P]D$
RW1[88]	$(M-1)(N^2-N)$	$2(M+1-G)(M-1)(N^2-N)$	$(M-1)(N+1-K)$ $[2D+(N-K)(1+\ln D)]$	$2(M+1-G)(M-1)$ $(N^2-N)D$
RW2[88]	$(M-1)N$	$2(M+1-G)(M-1)N$	$(M-1)N(1+\ln D)$	$2(M+1-G)(M-1)ND$
ACH[86]	$2M$	M^2	未知	未知
AHW[87]	$3P(1+\log_2 N)$	$3P(1+\log_2 N)(\min\{|M_A|,|M_B|\}+1-|G|)$	$3P(1+\log_2 N)D$	$3P(1+\log_2 N)(\min\{|M_i|\}+1-G)D$
本章算法	$2M-1$	M^2	$(2M-1)D$	$M^2 D$

(b)　信道跳变算法的 ATTR 比较

算法	点对点汇聚		多节点汇聚	
	对称模型	非对称模型	对称模型	非对称模型
文献[24]	未知	—	未知	—
AQCH[15]	未知	—	—	—
AETCH[25]	$2M$	—	—	—
JS[84,85]	$5P/3+3$	$2MP(P-G)+[M+5-P-(2G-1)/M]P$	未知	未知
RW1[88]	$O(MN\ln N)$	未知	未知	未知
RW2[88]	$(M-1)(\ln N+1/2)$	未知	未知	未知
ACH[86]	$O(M)$	未知	未知	未知
AHW[87]	$13P/6$	未知	未知	未知
本章算法	$<M$	$<M^2/2$	$<MD$	$<M^2 D/2$

表 5.1(b)中，"—"表示该算法不能直接应用于当前情形，"未知"表示虽然算法适用于当前情形，但具体性能指标未知。M 表示网络环境中可用信道数目，P 为大于或等于 M 的最小质数，G 为节点间的共有可用信道数，D 为无线网络的跳数，M_v 表示网络中的所有节点的可用信道数的最小值，N 则表示网络中的节点总数。由于在实际中不同节点的信道跳变序列的多样性以及跳变时刻的随机性，造成了节点间汇聚情形的极多可能性，几乎不可能准确地计算出多节点汇聚的 ATTR。从表 5.1(a)可以发现，本章提出算法的 MTTR 在所有算法中是最小的。例如，在 $M = 4$，$G = 2$，$N = 2$，$P = 5$ 的情况下，JS、RW2、AHW 算法在对称和非对称模型下的点对点汇聚 MTTR 的值分别为 15 和 195、6 和 120、30 和 30，而本章算法相应数值为 5 和 15。

1. Ad hoc 网络中点对点盲汇聚性能分析

我们将在 Ad hoc 网络中的点对点汇聚情形下对本章盲汇聚算法进行理论上的性能分析，具体情形分为信道对称模型和信道非对称模型。

1)信道对称模型下的点对点汇聚

在信道对称模型下的点对点汇聚情形中，收发节点中一个为发送节点，另一个为接收节点。两个节点试图在某一信道上达成汇聚。令 C_S 代表发送节点的可用信道集，C_R 代表接收节点的可用信道集。那么在信道对称模型下，$C_S = C_R = G_{S,R}$。假设 $G_{S,R} = \{c_1, c_2, \cdots, c_M\}$。

引理 1 给定一个整数集 $S = \{s_1, s_2, \cdots, s_M, s_{M+1}, s_{M+2}, \cdots, s_{2M}\}$，对于任意 i，$1 \leq i \leq M$，$s_i \leq M$，以及任意 m 和 $n(1 \leq n, m \leq M)$，都有 $s_m \neq s_n$，$s_m = s_{M+m}$。给定另一正整数集 $Q = \{q_{11}, \cdots, q_{1(M+1)}, q_{21}, \cdots, q_{2(M+1)}, \cdots, q_{M1}, \cdots, q_{M(M+1)}\}$，并且对于任意 m、n、i 和 $j(1 \leq n, m \leq M, n \neq m, 1 \leq i, j \leq M+1)$，都有 $q_{mi} \leq M$，$q_{mi} \neq q_{nj}$，$q_{mi} = q_{mj}$。$R = \{r_1, r_2, \cdots, r_{2M}\}$ 为 Q 中任意选取的连续的 $2M$ 个元素。那么，必定有至少一个正整数 k 使得 $s_k = r_k(1 \leq k \leq 2M)$。

证明 由于 R 为 Q 中连续的 $2M$ 个元素，根据 Q 的定义，在 R 中必有 M 个连续且相同的元素，并且可以表示为 $R_{seq} = \{r_{s+1}, \cdots, r_{s+M}\}$，$0 \leq s \leq M$。根据引理 1 中对 S 的定义可以发现，$\{s_{M+1}, s_{M+2}, \cdots, s_{2M}\}$ 等于 $\{s_1, s_2, \cdots, s_M\}$，因此可以将 $\{s_{M+1}, s_{M+2}, \cdots, s_{2M}\}$ 看作 $\{s_1, s_2, \cdots, s_M\}$ 的周期循环部分。那么，在 S 中取 M 个连续元素，每个元素都不相同且小于 M，同时这 M 个连续不相等的元素可以表示为 $S_{seq} = \{s_{s+1}, \cdots, s_{s+M}\}$。假设在 R_{seq} 和 S_{seq} 中，对于任意 $l(1 \leq l \leq M)$，都有 $s_{s+l} \neq r_{s+l}$，那么存在 $s_i \geq M$ 或 $q_{mi} \geq M$，与题设不符，因此必定存在至少一个正整数 k 使得 $s_k = r_k(1 \leq k \leq 2M)$。

引理 1 证明了本章的汇聚算法能够保证节点在 $2M$ 个时隙内达成汇聚。然而，这不一定表明算法的 MTTR 是 $2M$。

结论 1　在对称模型下，任何收发节点必定能在 $2M-1$ 个时隙内完成汇聚。

证明　根据引理 1 的证明，汇聚一定发生在 R 中的 R_{seq} 部分。由于 R_{seq} 为 R 中任意位置开始的 M 个连续且相同的元素集合，为了让汇聚时间最大化，令 R_{seq} 在 R 的最后部位，即 $R_{seq}=\{r_{M+1}, \cdots, r_{2M}\}$。那么，根据 R 的性质，除去 R_{seq} 的 R 的前一部分也有 M 个连续且相同的元素，也就是说，这 M 个元素可以组成另一个 R_{seq}，同时意味着在这 M 个元素中一定会发生汇聚（$s_k=r_k$），令前 M 个元素中的汇聚发生在最后一个元素的时隙，也就是说，这 M 个相同元素等于 S_{seq} 中最后一个元素的值。同时，调整 R_{seq} 在 R 中的位置，令 $R_{seq}=\{r_M, \cdots, r_{2M-1}\}$。那么，除去 R_{seq} 的 R 的前一部分有 $M-1$ 个连续且相同的元素，由于 Q 的性质，R 中最后一个元素（R_{seq} 后面一个元素）一定与 R_{seq} 中元素相同。为使汇聚时隙最大，只需令这 $M+1$ 个相同元素等于 S_{seq} 中倒数第二个元素，那么最大汇聚时刻发生在第 $2M-1$ 个时隙内。

图 5.7 为举例说明，图中 $M=4$，$S_{seq}=\{3,4,2,1\}$，$R_{seq}=\{2,2,2,2\}$。此时任意改变 S_{seq} 和 R_{seq} 都有可能使汇聚时隙数小于 $2M-1$。时间异步情形下，结论仍然成立。

图 5.7　最大汇聚时隙数示例

根据前面的理论分析和证明，本章提出盲汇聚算法的 MTTR 为 $2M-1$。由于节点的信道跳变列表随机生成方式和随机时刻开始跳变方式，产生了极多的节点信道跳变序列的排列组合情形，造成了大量的汇聚可能方式，尤其是在信道数较大的情况下，每一种排列组合都会产生一种不同的规律计算公式。因此，精确地计算出不同信道数下节点汇聚的 ATTR 是极其困难的。为了方便归纳特性，利用以下推论得到了算法的 ATTR 上限。

推论 1　在对称模型下，本章提出的盲汇聚算法的 ATTR 不会超过 M。

证明　通过结论 1 的证明，在对称模型下，任何两个节点都可以在 $2M-1$ 个时隙内达成汇聚。也就是说，汇聚可能发生在这 $2M-1$ 个时隙中的任何一个时隙内。利用结论 1 的证明方法，可以得出汇聚发生在每个时隙情形下收发节点的信道跳变序列的排列组合。通过分析这些不同情形下的排列组合，可以发现汇聚时隙数越大的情形下，排列组合就越少，这意味着收发节点使用这种信道跳变序列的排列组合的概率也越小。因此，汇聚的 ATTR 一定小于 $(2M-1)/2$，即一定小于 M。

结论 2　在通信范围内的任意一对收发节点都可以在其任一共有可用信道上成功汇聚，即算法具有汇聚全分集性能。

证明　根据算法的设计，发送节点在每个信道上的停留时间为 T，那么接收节点在信道上的停留时间为 $(M+1)T$。从足够多时隙的汇聚过程来看，发送节点遍历所有信道的时间为 MT 个时隙，考虑到异步环境，在 $M+1$ 个时隙内，收发节点能够在接收节点停留的信道上达成汇聚。因此，当接收节点在不同信道上停留 $(M+1)T$ 个时隙时，收发节点都能在该信道上达成汇聚，当接收节点遍历过所有信道后，意味着收发节点在所有可用信道上达成了汇聚。

2) 信道非对称模型下的点对点汇聚

在非对称模型下，由于节点间的相对位置或其他因素，每个节点可能具有不同的可用信道集。假设每个节点都具备信道检测能力，即每个节点都可以检测出环境中哪些信道是可用的并仅在可用的信道上进行跳变。

推论 2　在非对称模型下的用户节点可以在任一共有可用信道上达成汇聚。

证明　根据 5.3.1 节对共有可用信道的设定，即共有可用信道为收发节点可用信道集中公有部分的信道。那么，由于结论 2 证明了汇聚可以发生在任一可用信道上，包括共有可用信道部分。因此，收发节点可以在非对称模型下在任一共有可用信道上达成汇聚。

推论 2 证明了在非对称模型下，盲汇聚算法仍具有全分集性。关于非对称模型下算法的 MTTR 将在结论 3 中给出。

结论 3　在非对称模型下，同一通信范围内的任一对节点的汇聚时间上限为 M^2 个时隙，且 ATTR 不会超过 $M^2/2$ 个时隙。

证明　在非对称模型下，收发节点的可用信道集不相同但仍然有相同元素，即具有共有可用信道。在这种情形下，收发节点的可用信道数量情况有五种可能：①$M_R<M_S=M$；②$M_S<M_R=M$；③$M_R<M_S<M$；④$M_S<M_R<M$；⑤$M_S=M_R<M$。为了更加具体形象地说明，以 $M=4$ 为例，就这五种可能作进一步具体分析。

(1) $M_R<M_S=M$。在这种情形下，$C_S=\{c_1, c_2, c_3, c_4\}$。那么，当 $G_{S,R}>1$ 时，令 $C_R=\{c_3, c_4\}$，使用结论 1 的证明方式，可得最大汇聚时间为 $2M-1$ 个时隙。当 $G_{S,R}=1$ 时，令 $C_R=\{c_4\}$，为使汇聚时间最大化，只有使汇聚时刻位于 U_S 信道跳变列表的最后一个元素时刻，即最大汇聚时间为 M 个时隙。图 5.8(a) 和图 5.8(b) 分别为以 $C_S=\{1, 2, 3, 4\}$，$C_R=\{3, 4\}$ 和 $C_R=\{4\}$ 为例给出汇聚时隙数最大时的示例。

(a) $G_{S,R} > 1$时，最大汇聚时隙数示例   (b) $G_{S,R} = 1$时，最大汇聚时隙数示例

图 5.8 $M_R < M_S = M$ 情形下的示例

(2) $M_S < M_R = M$。在这种情形下，$C_R = \{c_1, c_2, c_3, c_4\}$。当 $G_{S,R} > 1$ 时，为使汇聚时间最大，将 U_R 的信道跳变列表中前部分元素置为收发节点的非公有可用信道，即在前 $(M - G_{S,R})(M+1)$ 个时隙收发节点一定不会汇聚。在公有可用信道部分，使用结论 1 证明的方法，最大汇聚时隙数可以达到 M_S。那么，此时的汇聚最大时隙数为 $(M - G_{S,R})(M+1) + M_S$，但是在某些情况下，如图 5.9(a) 所示，图中分别为 $C_S = \{3, 4\}$ 和 $C_S = \{2, 3, 4\}$ 的情形，在 $(M - G_{S,R})(M+1)$ 个时隙前会有 K 个时隙也一定不会达成汇聚，即总的汇聚最大时隙数为 $K + (M - G_{S,R})(M+1) + M_S$。经过归纳，$K$ 为使 $((M - G_{S,R})(M+1) + K)/M_S$ 为最小正整数的整数，且小于 $M+1$。当 $G_{S,R} = 1$ 时，令 $C_S = \{c_4\}$，根据前述方法可得，最大汇聚时隙数为 $(M - G_{S,R})(M+1) + M_S$，即 $(M-1)(M+1)+1$。由于 $G_{S,R} > 1$，且 $M+1 > M_S$，所以 $G_{S,R} = 1$ 时的最大汇聚时间大于 $G_{S,R} > 1$ 时的最大汇聚时间。图 5.9(b) 为以 $C_R = \{1, 2, 3, 4\}$，$C_S = \{4\}$ 为例给出汇聚时隙数最大时的样例。

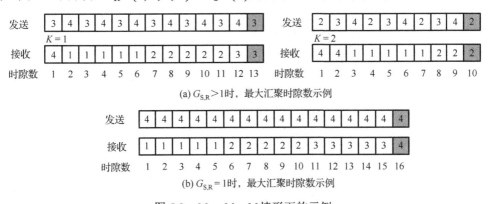

(a) $G_{S,R} > 1$时，最大汇聚时隙数示例

(b) $G_{S,R} = 1$时，最大汇聚时隙数示例

图 5.9 $M_S < M_R = M$ 情形下的示例

(3) $M_R < M_S < M$。当 $G_{S,R} > 1$ 时，令 $C_S = \{c_1, c_2, c_3\}$，$C_R = \{c_2, c_3\}$，这种情形与 (1) 类似，通过 (1) 的证明方法可求得，汇聚最大时隙数为 $2M_S - 1$。当 $G_{S,R} = 1$ 时，令 $C_S = \{c_1, c_2, c_3\}$，$C_R = \{c_3, c_4\}$，结合 (1) 和 (2) 的方法，这种情形下汇聚最大时隙数为 $K + (M_R - G_{S,R})(M+1) + M_S$。图 5.10(a) 和图 5.10(b) 为分别以 $C_S = \{1, 2, 3\}$，$C_R = \{2, 3\}$ 和 $C_R = \{3, 4\}$ 为例给出汇聚时隙数最大时的样例。

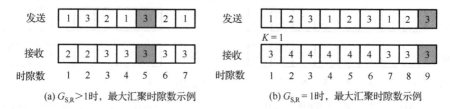

(a) $G_{S,R}>1$ 时，最大汇聚时隙数示例　　　　(b) $G_{S,R}=1$ 时，最大汇聚时隙数示例

图 5.10　$M_R<M_S<M$ 情形下的示例

（4）$M_S<M_R<M$。当 $G_{S,R}>1$ 时，令 $C_R=\{c_1, c_2, c_3\}$，$C_S=\{c_2, c_3\}$，这种情形与（2）类似，通过（2）的证明方法可得，汇聚最大时隙数为 $K+(M_R-G_{S,R})(M+1)+M_S$。图 5.11（a）为汇聚最大时隙数的样例，此时 $K=0$。当 $G_{S,R}=1$ 时，$C_R=\{c_1, c_2, c_3\}$，$C_S=\{c_3\}$，这种情形与（2）中 $G_{S,R}=1$ 的情形类似，可得汇聚最大时隙数为 $(M_R-G_{S,R})(M+1)+M_S$，图 5.11（b）为此情形的示例。

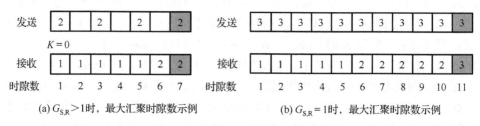

(a) $G_{S,R}>1$ 时，最大汇聚时隙数示例　　　　(b) $G_{S,R}=1$ 时，最大汇聚时隙数示例

图 5.11　$M_S<M_R<M$ 情形下的示例

（5）$M_S=M_R<M$。当 $G_{S,R}>1$ 时，令 $C_R=\{c_1, c_2, c_3\}$，$C_S=\{c_2, c_3, c_4\}$，这种情形下利用（2）的方法可以求得汇聚最大时隙数为 $K+(M_R-G_{S,R})(M+1)+M_S$。图 5.12（a）为以 $C_R=\{1, 2, 3\}$，$C_S=\{2, 3, 4\}$ 为例的汇聚最大时隙数的示例。当 $G_{S,R}>1$ 时，令 $C_R=\{c_1, c_2\}$，$C_S=\{c_2, c_3\}$，可以发现，汇聚最大时隙数同样为 $K+(M_R-G_{S,R})(M+1)+M_S$。图 5.12（b）为以 $C_R=\{1, 2\}$，$C_S=\{2, 3\}$ 为例的汇聚最大时隙数的示例。

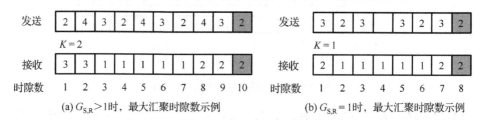

(a) $G_{S,R}>1$ 时，最大汇聚时隙数示例　　　　(b) $G_{S,R}=1$ 时，最大汇聚时隙数示例

图 5.12　$M_S=M_R<M$ 情形下的示例

综上所述，可以发现，当 $M_R=M$，$M_S<M$ 且 $G_{S,R}=1$ 时，可以得到全部情形中汇聚的最大时隙数为 $(M-1)(M+1)+1$，即 M^2。也就是说，在非对称模型下，任意收发节点的汇聚时间都不会超过 M^2T。根据推论 1 能够得出汇聚的 ATTR 不会超过 $M^2/2$。

2. 分布式网络中多节点盲汇聚性能分析

在分布式网络中的多节点多跳场景下，定义多节点汇聚为多对点对点汇聚的组成。图 5.13 为一个两跳三节点汇聚的示例。图中，节点 1 和节点 2 首先达成汇聚，节点 2 随后和节点 3 达成汇聚，其中虚线圆圈为节点的通信范围。从某种程度上说，虽然节点 1 和节点 3 并不在同一通信范围内，但是节点 1 和节点 3 通过节点 2 同样达成了汇聚。

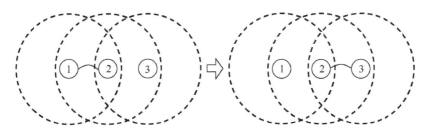

图 5.13　多节点汇聚

推论 3　在对称和非对称模型下，一个 D 跳 $D+1$ 个节点的汇聚的 MTTR 分别为 $(2M-1)D$ 和 M^2D。

证明　根据对多节点多跳汇聚的定义，一个 D 跳 $D+1$ 个节点的汇聚为 D 个点对点汇聚的线性组合。因此，通过对结论 1 和结论 3 的参考，很容易得出，在对称和非对称模型下，一个 D 跳 $D+1$ 个节点的汇聚的 MTTR 分别为 $(2M-1)D$ 和 M^2D。

推论 4　在对称和非对称模型下，一个 D 跳 $D+1$ 个节点的汇聚的 ATTR 一定小于 MD 和 $M^2D/2$。

证明　通过上述对推论 3 的证明，结合推论 1 和结论 3 可以求得，在对称和非对称模型下，一个 D 跳 $D+1$ 个节点的汇聚的 ATTR 一定小于 MD 和 $M^2D/2$。

5.3.3　基于信道跳变的盲汇聚算法的性能仿真与对比

为了进一步验证本章提出的盲汇聚算法的优良性能，在本节中算法在不同信道模型和不同汇聚类型的场景下进行了仿真和分析。同时将算法的仿真结果与现有的经典盲汇聚算法进行了对比，这些经典算法包括 JS、RW2、ACH、AHW，分别在不同的情形下具备良好的汇聚性能。为了仿真时间异步环境，在仿真中所有节点随机地开始按照信道跳变序列进行信道跳变。其中，算法的 TTR（包括 ATTR 和 MTTR）表示节点达成汇聚时所使用的时隙个数。考虑到在 JS、ACH、AHW 中使用了时隙同步技术来达到时间异步的适用性，即在这三种算法中时隙长度至少为 $2T$，因此为了构建统一的仿真环境，令这三种算法中的时隙长度同为 $2T$。不仅如此，由于在 RW2 中没有使用这一技术来达到异步的适用性，为了统一异步环境下的性能比较，令

RW2 中时隙长度也为 $2T$。在本章盲汇聚算法中，时隙长度仍为 T，也就是说，上述四种算法的 TTR 数值需要乘以 2 后再与本章介绍的算法的仿真结果进行对比。为了不失一般性，以下图示仿真结果中上述算法的 ATTR 为 500 次蒙特卡罗仿真结果的均值。

1. Ad hoc 网络中点对点盲汇聚性能仿真

在本节我们首先对包括本章算法的上述五种算法的 MTTR 进行了比较，参考表 5.1，除了 ACH 在非对称模型下的 MTTR 没有给出计算公式，我们按照各算法文献给出的 MTTR 计算公式，将其他四种算法分别在对称和非对称模型下以可用信道数不断增大的方式将 MTTR 数值进行绘图表示。在非对称模型下，我们引入参数 u 作为节点可用信道数与信道总数的比例。仿真中，u 固定为 0.5，即每个节点可用信道数为总信道数的一半。图 5.14 为对称模型下各算法的 MTTR 曲线图，从图中可以发现，五种算法的 MTTR 与信道数基本上符合线性关系，RW2 和 ACH 算法在 MTTR 性能上最接近。从图 5.15 可以看到，JS 算法在非对称模型下的 MTTR 基本以指数形式增加。由于 ACH 算法文献没有给出具体计算公式，这里我们不作比较。虽然在对称模型下 AHW 算法的 MTTR 较大，但在此模型下其 MTTR 性能仅次于本章算法，远远小于 JS 算法。

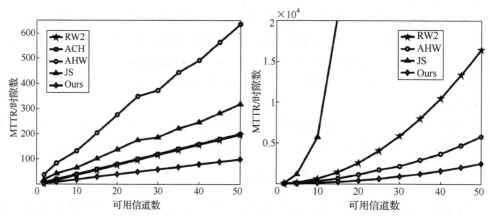

图 5.14　对称模型下 MTTR 比较　　　图 5.15　非对称模型下 MTTR 比较

虽然 MTTR 是一项衡量盲汇聚算法的重要性能指标，然而在实际应用中，我们往往更关心算法的平均汇聚时间，即 ATTR。图 5.16 和图 5.17 为按照文献对算法的描述在 MATLAB 上对各个算法分别在对称和非对称模型下的 ATTR 的仿真结果图。在对称模型下，虽然 RW2 和 ACH 的 MTTR 非常接近，但 ACH 的 ATTR 性能要远远好于 RW2。结合 ATTR 两幅图可以发现，由于 ACH 基于 Quorum 系统对信道跳变序列的巧妙设计，ACH 的 ATTR 在对称和非对称模型下都具有快速汇聚的良好性能。结合图 5.14～图 5.17，本章的盲汇聚算法在对称和非对称模型下，其汇聚的

MTTR 和 ATTR 与其他四种算法相比都是最小的。可以说在汇聚时间的性能指标上，本章的盲汇聚算法性能最好。

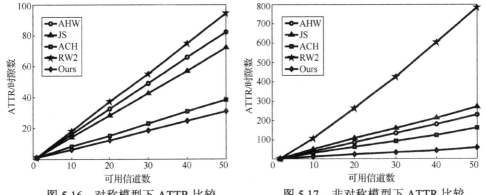

图 5.16　对称模型下 ATTR 比较　　　　图 5.17　非对称模型下 ATTR 比较

以上对这五种算法的 MTTR 和 ATTR 仿真结果进行了分析。为了更加全面地衡量算法性能，我们对算法的全分集性能和极端条件下汇聚 ATTR 进行了仿真。图 5.18 为在对称模型下，各算法在 1000 个时隙内在信道标号为 1~10 的十个信道上汇聚的次数，图中 T 为总次数。从仿真结果图中可以发现，AHW 算法在信道 7 上无法达成汇聚，而 RW2 只能在信道 7 和信道 8 上达成汇聚。JS 算法虽然能够达到全分集汇聚，但汇聚次数差别较大。ACH 算法虽然和本章算法在信道汇聚次数的平均性上较好，但总次数少于本章算法。图 5.19 为总信道数 M=10，但节点间共有可用信道数 $G_{R,S}$=1 的情形下节点汇聚的 ATTR。在这种极端情形下，虽然各节点具有多个可用信道，但节点间只有一个共有可用信道，这种情形下往往考验了算法的鲁棒性。从图中可以看到，本章算法可以最快达到汇聚，说明算法具有较强的鲁棒性。

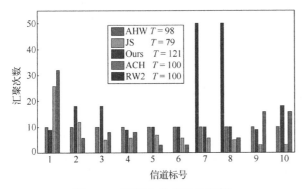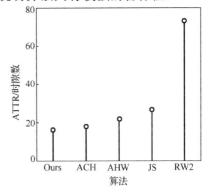

图 5.18　汇聚全分集性能比较　　　　图 5.19　$G_{R,S}$=1 情形下汇聚 ATTR 比较

2.　分布式网络中多节点盲汇聚性能仿真

前面对点对点情形下的汇聚进行了仿真和分析。下面对多节点的汇聚进行仿真

和分析。首先，我们根据算法文献给出的参考公式，分别在对称和非对称模型下绘出各算法在节点数 N=10，网络跳数 D=2 情形下的汇聚 MTTR 曲线图，如图 5.20 和图 5.21 所示。由于 ACH 算法没有给出具体公式，此处不作仿真分析。可以看到，本章算法在多节点汇聚 MTTR 中具有很好的性能。

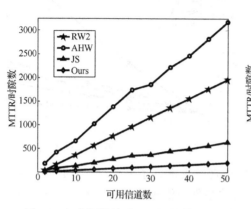

图 5.20　对称模型下 MTTR 比较　　　　图 5.21　非对称模型下 MTTR 比较

　　由于不同的算法对多节点汇聚的定义不一致，无法构建统一的算法仿真环境，在此不对各算法的多节点汇聚 ATTR 作进一步仿真。但是，我们根据本章对多节点汇聚的定义，在非对称模型下不同节点数和不同信道数对汇聚 ATTR 的影响进行了仿真和分析。在本节非对称模型中，为了更加真实地仿真实际环境，我们对 u 作了进一步调整，在这里每个节点随机选取 $0.1\sim1$ 的任意一位小数作为信道比例 u 的值，但节点间共有可用信道数 $G_{R,S}\geq1$。图 5.22 为汇聚节点数 N 分别为 10、20 和 30 的情形下，汇聚 ATTR 随信道数 M 变化的曲线图。图 5.23 为信道数 M 分别为 30、40 和 50 的情形下，汇聚 ATTR 随汇聚节点数 N 变化的曲线图。结合两幅图可以发现，汇聚信道数对 ATTR 的影响要大于节点数的影响。

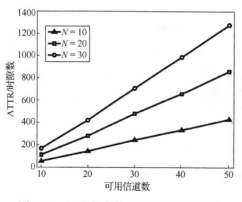
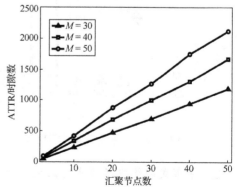

图 5.22　汇聚节点数对汇聚时间的影响　　　图 5.23　信道数对汇聚时间的影响

5.4 信道跳变中感知和竞争接入问题

认知无线网络中，次用户在可用信道上进行信道跳变切换并试图接入信道进而建立通信链路。区别于传统无线网络，用户在各个可用信道上停留有限时间，即认知无线网络中时隙长度为固定值。在这样的固定时隙内，次用户至少要完成频谱感知和竞争接入。

一方面，足够长的感知时间能够给次用户提供精准的感知结果，不仅能够更好地保护主用户的频谱利益，而且有助于提高次用户汇聚成功的概率；另一方面，当多个次用户在同一时隙内跳变到同一信道（汇聚信道）上时，彼此之间就会对该信道进行争用，因此足够长的竞争接入时长能够保证多个次用户合理地竞争使用该汇聚信道。然而时隙长度是一个固定值，这意味着更多的感知时间会造成更少的竞争接入时间。

本节将跨层分析和探讨感知时间和竞争接入时间的折中问题。

5.4.1 模型建立

无线网络内有 N 个次用户。所有主用户和次用户共同分享网络内 M 个信道，认知网络内时间被分割成相等的时隙。每个次用户都配备了一个半双工收发器，其既可以用于检测信道，也可以在信道间切换并收发信息。由于信道切换时间远远小于时隙长度，信道切换时间可以忽略不计。

次用户在互相通信之前，需要利用信道跳变算法达成汇聚。次用户每跳到信道上时，首先需要检测该信道，然后根据检测结果决定是否接入信道。即如果该信道对次用户可用，那么次用户接入信道并发送汇聚信息（交换 RTS-CTS）；如果该信道不可用或者次用户没有达成汇聚，则次用户根据信道跳变序列跳变到下一信道并继续感知-接入过程，如图 5.24 所示。

因此，时隙由两部分组成：信道检测时段 T_{ss} 和汇聚信息竞争传输时段 T_{tr}，如图 5.25 所示。那么，一个时隙的长度可以表示为

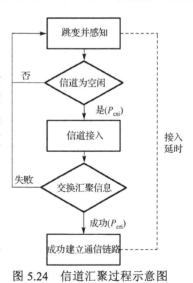

图 5.24 信道汇聚过程示意图

$$T_{slot} = T_{ss} + T_{tr} \tag{5-1}$$

图 5.25　时隙组成

为了进一步分析，我们将主用户的频谱占用行为建模为一个 0-1 更新过程。1 代表当前时隙内当前信道忙，0 代表当前时隙该信道空闲。为了简化分析，我们认为时隙内信道状态恒定不变。如果信道状态为 1 的平均时间为 α，其为 0 的平均时间为 β，那么信道忙的概率为

$$P_b = \frac{\alpha}{\alpha + \beta} \tag{5-2}$$

信道空闲概率为

$$P_i = \frac{\beta}{\alpha + \beta} \tag{5-3}$$

值得注意的是，在汇聚过程中，我们不考虑数据传输的过程。因此，在竞争传输阶段 T_{tr} 内，次用户只试图建立通信链路(交换 RTS 和 CTS)。这样考虑的目的是最小化数据传输对接入延时的影响，从而能够使得接入延时模型更具有普遍性。

1. 信道检测模型

这里我们采用应用范围较广的能量检测模型。假设次用户接收到被检测信道的信号为

$$y(x) = \begin{cases} n(x), & H_0 \\ s(x) + n(x), & H_1 \end{cases} \tag{5-4}$$

其中，$n(x)$ 表示加性高斯白噪声；$s(x)$ 代表主用户信号；H_0 为被检测信道为空闲的假设；H_1 为被检测信道为占用的假设。

在经过 T_{ss} 时长的信号采样后，采样结果可以表示为

$$Y = \begin{cases} \sum_{i=1}^{N_s} n_i^2, & H_0 \\ \sum_{i=1}^{N_s} (s_i + n_i)^2, & H_1 \end{cases} \tag{5-5}$$

其中，N_s 为采样个数，其数值与 T_{ss} 有关，根据奈奎斯特采样率，$N_s = 2BT_{ss}$，B 为信道带宽；$n_i, i \in \{1, \cdots, N_s\}$ 为高斯白噪声的采样；$s_i, i \in \{1, \cdots, N_s\}$ 为主用户信号采样。如果设定检测门限为 ε，那么错检概率为

$$P_f(\varepsilon, T_{\mathrm{ss}}) = \Pr(Y > \varepsilon \,|\, H_0) = \int_\varepsilon^\infty p_0(x)\mathrm{d}x \tag{5-6}$$

$p_0(x)$ 为在假设 H_0 下函数 Y 的概率密度函数，根据中心极限定律，$p_0(x)$ 可以被等效为高斯分布。令 $\gamma = \sigma_s / \sigma_n$，那么错检概率闭环表达式为

$$P_f(\varepsilon, T_{\mathrm{ss}}) = \Pr(Y > \varepsilon \,|\, H_0) = \frac{1}{2}\mathrm{erfc}\left(\frac{\varepsilon - 2BT_{\mathrm{ss}}}{2\sqrt{2BT_{\mathrm{ss}}}}\right) \tag{5-7}$$

其中，$\mathrm{erfc}(\cdot)$ 为标准高斯的互补余误差函数，表示为

$$\mathrm{erfc} = \frac{2}{\sqrt{\pi}}\int_\varepsilon^\infty \exp(-t^2)\mathrm{d}t \tag{5-8}$$

同样，我们可以推导出在假设 H_1 下检测概率为

$$P_d(\varepsilon, T_{\mathrm{ss}}) = \Pr(Y > \varepsilon \,|\, H_1) = \int_\varepsilon^\infty p_1(x)\mathrm{d}x \tag{5-9}$$

利用中心极限定理，$P_d(\varepsilon, T_{\mathrm{ss}})$ 可以表示为

$$P_d(\varepsilon, T_{\mathrm{ss}}) = \Pr(Y > \varepsilon \,|\, H_1) = \frac{1}{2}\mathrm{erfc}\left(\frac{\varepsilon - 2BT_{\mathrm{ss}}(1+\gamma)}{2\sqrt{2BT_{\mathrm{ss}}(1+2\gamma)}}\right) \tag{5-10}$$

那么漏检概率可以表示为

$$P_m(\varepsilon, T_{\mathrm{ss}}) = \Pr(Y < \varepsilon \,|\, H_1) = 1 - P_d(\varepsilon, T_{\mathrm{ss}}) \tag{5-11}$$

对于目标检测概率 P_d，错觉概率 P_f 与它的关系为

$$P_f(T_{\mathrm{ss}}) = \mathrm{erfc}\left(\sqrt{(1+2\gamma)}\,\mathrm{erfc}^{-1}(\bar{P}_d) + \gamma\sqrt{\frac{1}{2}BT_{\mathrm{ss}}}\right) \tag{5-12}$$

2. 问题假设

根据图 5.24，如果次用户检测信道为空闲（概率为 P_{csi}），次用户接入信道并发送请求汇聚信息（如 RTS）给目的次用户；如果发送次用户成功接收到目的次用户返回的汇聚信道（如 CTS），那么该对收发次用户可以进行数据传输的协商和通信（概率为 P_{cri}）。因此，在建立通信链路之前，收发次用户必须满足两个条件：①信道被检测为空闲可用；②收发次用户能够成功竞争到汇聚信道并成功交换汇聚信息。

信道空闲概率 P_{csi} 与主用户通信行为和次用户的检测结果有关。对于次用户来说，如果信道检测结果 Y 小于检测门限，那么次用户标记该信道为空闲可用，即 $P_{\mathrm{csi}} = \Pr(Y < \varepsilon)$。考虑到次用户漏检行为，次用户信道可用概率可以表示为

$$P_{\mathrm{csi}} = \Pr(Y < \varepsilon / H_0)\Pr(H_0) + \Pr(Y < \varepsilon / H_1)\Pr(H_1) \tag{5-13}$$

进一步，有 $\Pr(H_0) = P_i$ 以及 $\Pr(H_1) = P_b$，信道可用概率可以表示为

$$P_{\text{csi}}(\varepsilon, T_{\text{ss}}) = (1 - P_f(\varepsilon, T_{\text{ss}}))P_i + P_m P_b \tag{5-14}$$

由于次用户汇聚信息交互成功概率与竞争传输时长 T_{tr} 以及感知结果有关，因此 P_{eri} 可以表示成 $P_{\text{eri}}(\varepsilon, T_{\text{ss}}, T_{\text{tr}})$。

如果事件 A 为次用户感知到当前信道空闲，事件 E 代表次用户成功交换汇聚信息，那么成功建立通信链路的概率 P_{link} 为

$$P_{\text{link}} = \Pr(E|A)\Pr(A) = \Pr(E)\Pr(A) \tag{5-15}$$

进一步，我们可以得到

$$P_{\text{link}}(\varepsilon, T_{\text{ss}}, T_{\text{tr}}) = P_{\text{csi}}(\varepsilon, T_{\text{ss}}) \cdot P_{\text{eri}}(\varepsilon, T_{\text{ss}}, T_{\text{tr}}) \tag{5-16}$$

建链概率 P_{link} 表示收发次用户在每个时隙内能够以固定的概率成功建立通信链路。因此，平均建链延时，即接入延时 T_{access}，可以表示为

$$E[T_{\text{access}}] = \frac{T_{\text{slot}}}{P_{\text{link}}(\varepsilon, T_{\text{ss}}, T_{\text{tr}})} \tag{5-17}$$

除此之外，次用户在错检发生的时候很有可能与主用户的通信行为发生冲突。由此，我们可以得到次用户对主用户干扰冲突概率为

$$P_{\text{I}}(\varepsilon, T_{\text{ss}}) = P_b \cdot P_m(\varepsilon, T_{\text{ss}}) \cdot P_{\text{tra}} \tag{5-18}$$

其中，P_{tra} 为在信道检测空闲概率下，竞争传输 T_{tr} 阶段至少有一个次用户发送汇聚信息的条件概率。由于在竞争退避 T_{tr} 阶段，次用户使用二进制退避机制对汇聚信道进行争用，在该阶段次用户时间操作的最小单位为一个退避时隙。假设 T_{tr} 阶段内包含 I_s 个退避时隙，那么 P_{tra} 可以表示为

$$P_{\text{tra}} = 1 - (1 - \hat{P}_{\text{tra}})^{I_s} \tag{5-19}$$

其中，$\hat{P}_{\text{tra}}$ 表示在一个退避时隙内至少有一个次用户发送汇聚信息。如果在同一时隙内有 ns 个次用户跳到同一信道上，则 $\hat{P}_{\text{tra}}$ 可以表示为

$$\hat{P}_{\text{tra}} = \sum_{ns=1}^{N} P(ns) \cdot (1 - (1 - \tau)^{ns}) \tag{5-20}$$

其中，$P(ns)$ 为 ns 个用户跳到同一信道上的概率，其可以表示为

$$P(ns) = C_N^{n_s} \cdot \left(\frac{1}{m}\right)^{ns} \cdot \left(\frac{M-1}{M}\right)^{N-n_s} \tag{5-21}$$

除此之外，τ 表示在每个退避时隙内每个次用户发送汇聚信息的概率，且根据 Bianchi 的分析，τ 可以表示为

$$\tau = \frac{2(1-2p)}{(1-2p)(W+1)+pW[1-(2p)^m]} \tag{5-22}$$

其中，W 表示最小竞争窗口；m 为最大退避阶数；p 表示传输中的数据包遇到冲突的概率。

值得注意的是，在 Bianchi 分析的 802.11 模型中，所有用户在单信道上传输，因此冲突只会发生在用户彼此传输 RTS 之间。然而在多信道的认知网络中，造成汇聚信息交互失败的不仅仅是次用户之间以及主次用户之间的冲突，还与次用户汇聚失败有关。假设 P_c^s (P_c^p) 表示次用户传输的汇聚信息与其他次用户(主用户)传输冲突的概率，考虑到与其他次用户发生冲突的条件为同一时隙内同一信道上其他次用户中至少有一个次用户发送汇聚信息，因此 P_c^s 可以表示为

$$P_c^s = \sum_{ns=1}^{N} P(ns) \cdot (1-(1-\tau)^{ns-1}) \tag{5-23}$$

当漏检发生的时候，次用户会和主用户发生冲突，因此

$$P_c^p = P_m(\varepsilon, T_{ss}) \cdot P_b \tag{5-24}$$

那么发送冲突概率 P_c 可以表示为

$$P_c = P_c^s + P_c^p - P_c^s \cdot P_c^p \tag{5-25}$$

考虑到由于失败汇聚导致的汇聚信息交互失败，在多信道认知网络中，p 可以表示为

$$p = 1 - P_{ren} + P_c \cdot P_{ren} \tag{5-26}$$

其中，P_{ren} 表示次用户间成功汇聚的概率。到目前为止，信道跳变认知网络中接入延时问题可以描述为

$$\begin{aligned} &\underset{\varepsilon; T_{ss}, T_{tr}}{\text{minimize}} \quad E[T_{access}] \\ &\text{subject to} \quad P_I(\varepsilon, T_{ss}) \leqslant \overline{P}_I \end{aligned} \tag{5-27}$$

其中，P_I 为干扰概率门限，用以对主用户的传输进行保护。

在上述分析中，汇聚概率 P_{ren} 和汇聚信息成功交互概率 $P_{eri}(\varepsilon, T_{ss}, T_{tr})$ 的具体表达式还没有得到。下面我们将通过对具体信道跳变算法的分析得到 P_{ren} 以及对多信道多次用户的接入竞争传输的分析得到 $P_{eri}(\varepsilon, T_{ss}, T_{tr})$。

5.4.2　汇聚算法分析

本节通过对 SJ-RW 信道跳变算法分析得到 P_{ren} 的闭环表达式。

次用户建立通信链路的前提条件之一就是互相之间能够达成汇聚。这就要求次用户按照信道跳变序列在有限时间内能够跳变到同一信道上。衡量这个有限时间的标准为 TTR。由于次用户信道跳变的随机性，TTR 并不是一个固定值。因此，为了更好地衡量信道跳变算法，研究者提出了 ATTR，从统计学角度来衡量信道跳变算法的 TTR。因此，我们用 $n[\text{ATTR}]$ 代表 ATTR 的时隙个数，那么次用户之间的平均汇聚时隙数为 $n[\text{ATTR}]$。也就是说，次用户在每个时隙的固定汇聚概率为

$$P_{\text{ren}} = \frac{1}{n[\text{ATTR}]} \tag{5-28}$$

由于次用户信道跳变的时间随机性和信道随机性，直接计算 $n[\text{ATTR}]$ 具有相当大的难度。我们首先对 ATIR (average time of interval rendezvous) 性能进行分析。ATIR 是指连续两次汇聚所间隔的平均时隙数，如图 5.26 所示。

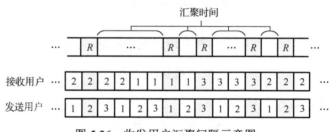

图 5.26　收发用户汇聚间隔示意图

为了保证汇聚性能，大多数汇聚算法的设计并不是完全随机的。一定程度上，我们可以总结出任何一个信道跳变算法的信道跳变规律性和随机性。规律性是指在具体的汇聚算法中，存在几种固定的汇聚模式，所有的汇聚场景都包含于这些汇聚模式中。周期性是指在每个汇聚模式中，次用户之间的汇聚总是周期性地达成。

由于 SJ-RW 算法具有较好的汇聚性能，我们将以 SJ-RW 算法作为示例对 ATIR 进行分析。在 SJ-RW 算法中，所有的可用信道标号被随机排序生成信道跳变列表，周期性重复信道跳变列表进而生成信道跳变序列。SJ-RW 算法中信道跳变周期为 $M(M+1)$ 个时隙，如图 5.27 所示。

图 5.27　SJ-RW 中汇聚周期示意图

在 SJ-RW 算法设计中，接收次用户在每个信道上停留 $M+1$ 个时隙而发送次用

户在每个信道上停留 1 个时隙,这 $M+1$ 个时隙为一个汇聚子模式。当接收节点在信道停留 $M+1$ 个时隙时发送节点会在这 $M+1$ 个时隙内重复访问某个信道。假如重复访问的信道和接收次用户停留信道是同一信道,那么在这个汇聚子模式中,收发次用户对之间会达成两次汇聚,我们称这种子模式为两次汇聚子模式(图 5.28 下划线时隙),其他子模式为一次汇聚子模式。

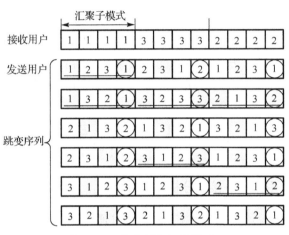

图 5.28　收发用户汇聚情形

进一步分析,收发次用户的信道与跳变序列中对信道的访问顺序相同,那么该收发次用户间会发生 M 个两次汇聚子模式,即在一个汇聚模式中会有总共 $2M$ 个汇聚时隙(图 5.28 发送次用户第二列)。可以发现,收发次用户不同信道访问顺序的排列组合构成了一个汇聚模式中一次汇聚子模式和两次汇聚子模式的不同组合。因此,如果我们确定了所有的汇聚模式和相应的占比,在一个周期内平均汇聚次数可以表示为

$$E[N_{\text{ren}}^M] = \sum_{}^{\Omega} n_{\text{ren}}^i \cdot p_{\text{ren}}^i, \quad \forall i, i \in \Omega \tag{5-29}$$

其中,$E[N_{\text{ren}}^M]$ 表示在 M 个信道环境中一个周期内次用户的平均汇聚时隙个数;n_{ren}^i 和 p_{ren}^i 分别代表汇聚模式 i 中汇聚时隙个数和汇聚模式 i 的占比;Ω 为所有汇聚模式的集合。

不同汇聚子模式的排列组合组成了所有的汇聚模式,而汇聚子模式的不同组合又等同于收发次用户信道访问顺序的差异。因此,这一问题可以被建模成离散数学中的更列问题。我们把收发次用户访问顺序不同的相同信道称为差分信道。那么根据容斥原理,k 个差分信道的汇聚模式个数为

$$D(k) = k!\left(\sum_{r=2}^{k}(-1)^r \frac{1}{r!}\right), \quad k \geqslant 2 \tag{5-30}$$

那么 $E[N_{\text{ren}}^M]$ 可以表示为

$$E[N_{\text{ren}}^M] = \sum_{i=2}^{M}(2M-i)\cdot\frac{C_M^i\cdot D(i)}{M!} + \frac{2}{(M-1)!} \tag{5-31}$$

其中，i 为差分信道个数。在实际场景中，次用户很可能随机在某个时隙开始信道跳变的汇聚过程(例如，图 5.28 中，收发次用户在不同时间开始信道跳变)。然而次用户在时隙 i 或者时隙 j 开始信道跳变的概率是相同的。因此，信道跳变的开始时隙可以看成连续两次汇聚之间的任何时隙，那么平均汇聚消耗时隙个数 $n[\text{ATTR}]$ 可以表示为

$$n[\text{ATTR}] = \frac{1}{2}\cdot\frac{M(M+1)-E[N_{\text{ren}}^M]}{E[N_{\text{ren}}^M]} \tag{5-32}$$

5.4.3 多信道多次用户竞争接入分析

在得到 P_{ren} 闭环表达式后，概率 τ 和 p 可以通过 P_{ren} 计算出。本节我们主要分析接入竞争过程以得到 $P_{\text{eri}}(\varepsilon, T_{\text{ss}}, T_{\text{tr}})$。

一旦收发次用户之间达成汇聚，并且汇聚信道检测为空闲。在同一汇聚信道上的次用户将会对该汇聚信道进行争用。由于 802.11 分布式协同机制作为一种协调分布式竞争的机制被广泛应用于无线网络中，我们将使用该机制来分析接入竞争的影响。但是，在传统无线网络中，用户节点不需要在不同的信道上进行跳变，然而在时隙结构的多信道认知网络中，次用户需要以时隙长度为单位进行信道跳变。那么有可能发生这样一种情况：当次用户争用到信道后，该时隙剩下的时间不足以完成一次汇聚信息传输。为了避免这种情况，我们在每个时隙的最后设置一个保护时段(表示为 T_{rt})，保护时段的长度为完成一次汇聚信息传输的最小时长，如图 5.29 所示。为了更好地理解，图 5.29 中我们忽略了信道检测过程。

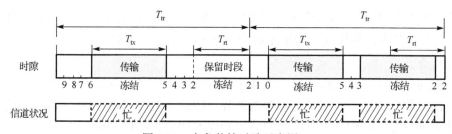

图 5.29 竞争传输时隙示意图

图 5.29 中，在保护时段之前，次用户按照 802.11 DCF 机制进行二进制退避竞

争操作，当时间达到保护时段时，次用户冻结自身的退避计数器直到下一个时隙开始继续操作。次用户在接入竞争时段内汇聚信息传输和保护间隔时长可以分别表示为

$$T_{tx} = t_{RTS} + t_{CTS} + \text{SIFS+DIFS}$$
$$T_{rt} = t_{RTS} + t_{CTS} + \text{SIFS}$$

(5-33)

其中，t_{RTS} 和 t_{CTS} 分别代表 RTS 和 CTS 的传输时间。

我们将次用户在接入竞争时段的行为建模成一个吸收马尔可夫链模型，由于次用户在接入竞争时段内以退避时隙为最小时间单位进行退避竞争行为，为了方便分析，我们将接入竞争时段分割成 I_s 个退避时隙(I_s 个离散时间点)，离散时隙被标记为 $1,\cdots,I_s$。相应地，保护时段和传输时长也分别分割成 I_{rt} 和 I_{tx} 个退避时隙。次用户只在前 I_s-I_{rt} 个退避时隙内进行信道的竞争接入行为。这是因为如果次用户在前 I_s-I_{rt} 个退避时隙内没有争用到汇聚信道，那么该次用户将会进入保护时段而被冻结。因此，在吸收马尔可夫链模型中，我们只考虑前 I_s-I_{rt} 个退避时隙。

在次用户对汇聚信道竞争接入过程中，可能有四种行为：①退避操作，概率表示为 P_{bf}^m；②其他次用户传输导致的退避计数冻结，概率表示为 P_{fz}^m；③次用户传输失败，概率表示为 P_{st}^m；④次用户传输成功，概率表示为 P_{st}^m。经过状态转移后，次用户会达到以下两个吸收态中的一个：①成功传输汇聚信息，建立通信链路，以状态 S 表示；②当前时隙内汇聚信息传输失败，以状态 F 表示。整个接入竞争过程如图 5.30 所示。

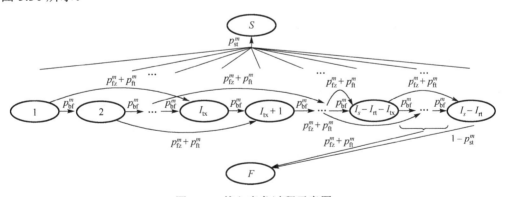

图 5.30　接入竞争过程示意图

在前 $I_s-I_{rt}-I_{tx}$ 个时隙中，次用户不会进入吸收态 F。因为在第 $I_s-I_{rt}-I_{tx}$ 个时隙之前，次用户不会进入保护时段，次用户因此一直有机会成功竞争到汇聚信道。然而，一旦次用户进入$[I_s-I_{rt}-I_{tx}+1, I_s-I_{rt}-1]$时隙范围，当同一汇聚信道上其他次用户发送汇聚信息时，该次用户将进入保护时段从而进入吸收态 F。上述四种操作行为的概率为

$$p_{\text{bf}}^m = \sum_{n_s=1}^N P(ns) \cdot ((1-\tau)^{ns})$$

$$p_{\text{st}}^m = \sum_{n_s=1}^N P(ns) \cdot (1-(1-\tau)^{ns-1} \cdot P_{\text{ren}})$$

$$p_{\text{fz}}^m = \sum_{n_s=1}^N P(ns) \cdot (1-\tau-(1-\tau)^{ns})$$

$$p_{\text{ft}}^m = \sum_{n_s=1}^N P(ns) \cdot (\tau - \tau(1-\tau)^{ns-1} \cdot P_{\text{ren}})$$

$$(5\text{-}34)$$

我们将上述马尔可夫过程的一步转移概率矩阵整理为

$$P = \begin{bmatrix} Q & R \\ 0 & I \end{bmatrix} \tag{5-35}$$

其中，I 为单位矩阵，具体如图 5.31 所示。

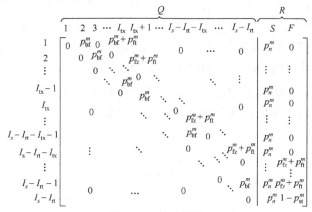

图 5.31　单位矩阵

子矩阵 Q 为不包含吸收态的一步转移概率矩阵。那么，n 步转移概率矩阵可以表示为 Q^n，$(Q^n)_{ij}$ 为矩阵中第 i,j 个元素，表示次用户在 n 次转移后从状态 i 转移到状态 j。次用户从状态 i 转移到状态 j 的概率 p_{ij}^I 可以表示为

$$p_{ij}^I = \sum_{k=0}^{\infty} (Q^k)_{ij} \tag{5-36}$$

令 p^I 为元素 p_{ij}^I 组成的矩阵，那么 p^I 可以表示成

$$p^I = \sum_{k=0}^{\infty} Q^k = \sum_{k=0}^{I_s-I_{\text{rt}}} Q^k = (1-Q)^{-1} \tag{5-37}$$

在每个时隙内，次用户总是从竞争时段的初始位置（时隙 I_1）进行信道竞争行为。那么，次用户在当前时隙成功交换汇聚信息的概率可以表示为

$$P_{\text{eri}}\left(\varepsilon, T_{\text{ss}}, T_{\text{tr}}\right) = \left(P^{I}R\right)_{11} = \sum_{j=1}^{I_{t}-I_{\text{n}}}\left(P^{I}\right)_{1j} \cdot p_{\text{st}}^{m} \tag{5-38}$$

5.4.4　分析优化

本节对所提出的接入延时模型进行验证分析，并进一步优化信道检测时间等参数得到接入延时最小值，最后仿真分析网络环境对接入延时的影响。

1.　模型验证

我们首先对接入延时模型中次用户信道跳变模型部分进行验证，具体仿真参数如表 5.2 所示。为了消除多用户竞争所带来的影响，我们构建了一个只有两个次用户（一个接收次用户和一个发送次用户）的认知网络。仿真结果如图 5.32 所示。从图中可以看到，理论分析结果和仿真结果大体上是相符合的。当信道数 M 较大时，理论结果和仿真结果有一些较小的差别。这是因为信道增加，次用户信道跳变的初始信道随机性会增加，这样就会对汇聚时间产生影响。

表 5.2　仿真参数设置

参数	值
信道带宽	4MHz
传输速率	2Mbit/s
PU 用户信噪比	−7dB
干扰概率门限	5%
退避时隙	20μs
短帧间隔（SIFS）	10μs
分布式帧间隔（DIFS）	50μs
CTS 数据长度	128bit
RTS 数据长度	128bit
时隙时长	2ms

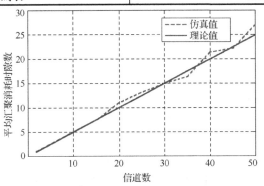

图 5.32　SJ-RW 信道跳变模型验证

在此基础上，我们在验证中加入了多用户接入竞争的模型验证。在验证中，我们将通信链路建立率（communication link building rate，CLBR）作为衡量标准。CLBR是指单位时隙内成功交换汇聚信息的次用户对的数量。图 5.32 给出了仿真结果和理论结果的对比。从图中可以最直观地看到理论结果和仿真结果一致性非常好。这证明了理论分析模型的准确性。不仅如此，从图 5.32 还可以看到，随着退避时隙的增加，CLBR 数值也在增加。这是因为随着信道数量的增大，用户需要消耗更多的时隙来达成汇聚，不仅如此，用户数量的增加也导致了激烈的接入竞争。

　2. 最优感知时长仿真分析

　　下面通过仿真和分析得出最优参数组合（感知时长 T_{ss}、感知门限 ε 和传输时长 T_{tr}）。我们首先对错检概率与感知时长的关系进行了仿真，其结果如图 5.33所示。

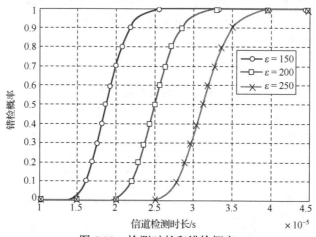

图 5.33　检测时长和错检概率

　　从图 5.33 我们可以发现，在固定的感知门限条件下，错检概率 P_f 会随着感知时长的增加而增大。但是在固定感知时长条件下，感知门限的增加使得错检概率 P_f 降低。这是因为对于感知时长 T_{ss} 来说，错检概率函数为增函数，而对于感知门限 ε，错检概率函数为减函数。

　　我们随后将感知时长 T_{ss} 对可用信道概率 P_{csi}、汇聚信息交互概率 P_{eri} 和建链成功概率 P_{link} 的影响分别进行了仿真，结果如图 5.34 所示。我们可以看到，建链概率 P_{link} 和可用信道概率 P_{csi} 具有相似的变化趋势，这是因为在不考虑传输时长 T_{tr} 的影响下感知时长 T_{ss} 对汇聚信息交互概率 P_{eri} 的影响微乎其微。感知时长 T_{ss} 对信息交互概率 P_{eri} 影响很小的原因是信道感知对接入竞争具有较小的影响（参考式(5-14)、式(5-16)～式(5-18)以及式(5-26)～式(5-29)）。值得注意的是，错检概率 P_f 随着感知时长 T_{ss} 的增加而增大会导致 P_{csi} 减小（参考式(5-14)）。这意味着，如果 P_f 趋近于 0（感知时长

T_{ss} 足够小)，P_{csi} 将会趋近于 1。这样将会产生一种极端的情况，即次用户不进行信道感知(T_{ss} 为 0)而接入每一个信道)(P_{csi} 为 1)。在这种情况下，次用户能够从频谱资源中获得最大利益而不考虑主用户在频段上的活动，进而能够用最少的时间来建立通信链路。然而，在认知无线网络中，主用户的频谱优先性需要得到保证。因此，我们设置了一个干扰概率门限以保护主用户的频谱使用优先性。下面对干扰概率门限对模型的影响进行仿真和分析。

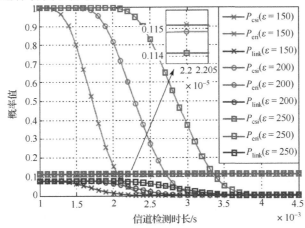

图 5.34　检测时长与信道接入概率、汇聚信息交互概率和建链概率的关系(见彩图)

图 5.35 表示检测概率 P_d 和错检概率 P_f 分别与感知时长 T_{ss} 的关系。从图中可以看到，P_d 和 P_f 都会随着 T_{ss} 的增加而增大。这意味着当 T_{ss} 减小时，P_d 和 P_f 同时降低会导致 P_{csi} 增加(参考式(5-14))。然而，根据式(5-18)，当 P_d 增加时干扰概率 $P_I(\varepsilon, T_{ss})$ 将会减小。这说明较小的 P_d 会导致较大的 P_I。那么，如果 $P_I(\varepsilon, T_{ss})$ 需要小于一个门限值 $\overline{P}_I$(如 5%)，那么 P_d 应该大于一个相应的门限值(如 90%)。在图 5.35 中，P_d 为固定值(90%)时，随着感知时长 T_{ss} 的增加，次用户的错检概率 P_f 越来越小，进一步增大了 P_{csi}。这就是说次用户花费越多的时间感知信道(较大的 T_{ss})，其得到的感知结果越精确(较大的 P_{csi})。因此，我们可以得出一个结论，即满足式(5-27)的最优 $(\varepsilon^*, T_{ss}^*)$ 参数值的充要条件为 $P_I(\varepsilon^*, T_{ss}^*) = \overline{P}_I$。

图 5.36 描绘了建链概率 P_{link} 与退避时隙个数 I_s 之间的关系，其中 $\overline{P}_I = 5\%$，$T_{ss} = 20\mu s$。我们可以看到建链概率 P_{link} 随着退避时隙数 I_s 的增加而增大。

从上面的分析我们可以得出，在固定约束 P_I 下，次用户接入信道的概率(信道感知空闲概率)P_{csi} 会随着信道感知时长 T_{ss} 的增加而增大，并且信息交互概率 P_{eri} 会随着退避时隙数(传输时长 T_{tr})的增加而增大。然而，时隙的总长度是固定的，即 T_{ss} 越长 I_s 就会越小，反之亦然。因此，我们期望找到一个最优的 $(T_{ss}, T_{tr}, \varepsilon)$ 参数组合以最大化建链概率 P_{link}，进而最小化建链时长 T_{access}。

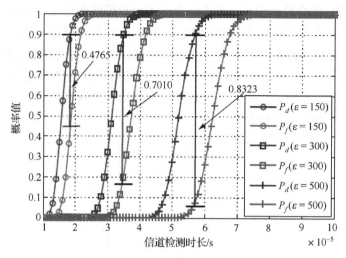

图 5.35　信道检测时长与错检概率、检测概率的关系（见彩图）

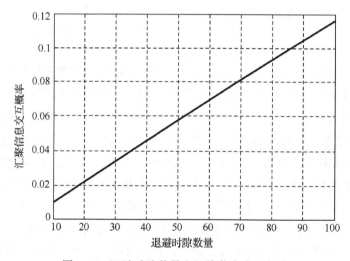

图 5.36　退避时隙数量和汇聚信息交互概率

图 5.37 展示了建链概率 P_{link} 随感知时长 T_{ss} 的变化过程。从图中我们可以看到，随着 T_{ss} 的增加，P_{link} 先增大后减小。不仅如此，在 P_{link} 峰值附近有一段曲线是波动的。这是因为感知时长 T_{ss} 不仅对信道接入概率 P_{csi} 有影响，其在 P_I 的约束下对汇聚信息交互概率 P_{eri} 也会产生影响。当 $T_{\text{ss}} = 100\mu\text{s}$ 时，P_{link} 达到最大值并且 T_{access} 达到最小值 32.76ms，如图 5.38 所示。其中，$W = 8, m = 3, M = 10, N = 100$ 且时隙长度为 2ms。

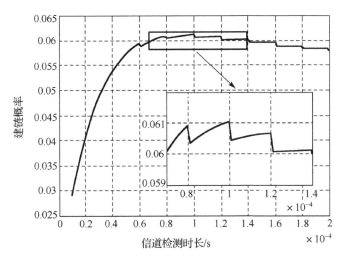

图 5.37　信道检测时长和建链概率

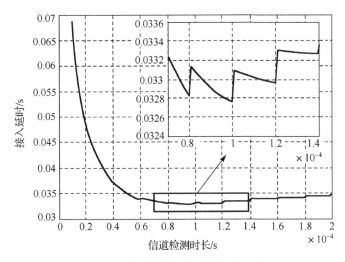

图 5.38　信道检测时长和接入延时

3. MAC 策略与时隙长度影响仿真分析

下面主要评估 MAC 接入策略(最大退避窗口 W 和退避阶数 m 的组合)和信道数量与用户数量对接入延时的影响。我们首先仿真了在不同次用户数量情况下使用不同 MAC 策略时接入延时 T_{access} 随感知时长 T_{ss} 的变化关系。仿真结果如图 5.39～图 5.41 所示,图中信道数量为 10。其中,图 5.39 中用户数为 50,图 5.40 中用户数为 100,图 5.41 中用户数为 200。

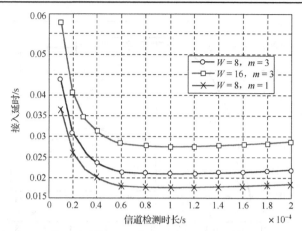

图 5.39　不同 MAC 接入参数情况下检测时长与接入延时的关系（信道数为 10）

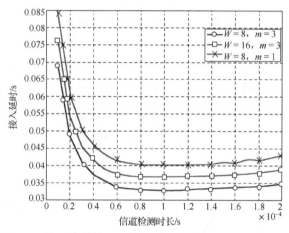

图 5.40　不同 MAC 接入参数情况下检测时长与接入延时的关系（信道数为 50）

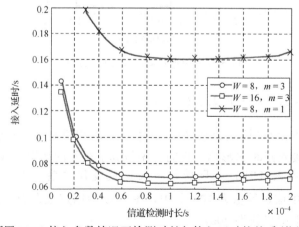

图 5.41　不同 MAC 接入参数情况下检测时长与接入延时的关系（信道数为 100）

对比这三幅仿真结果图可以发现，当认知网络中次用户数量较少(较多)时，选择较小(较大)的 MAC 策略数值会有较小的接入延时。这是因为，当网络中次用户数量较少时，较小的 MAC 策略数值会为次用户提供更多的信道接入机会；然而当网络中次用户数量较多时，较小的 MAC 策略数值会引起严重的接入竞争冲突，而较大的 MAC 策略数值会缓解这种冲突。不仅如此，但仿真结果还揭示了一个有趣的发现：尽管在仿真中我们使用了不同的 MAC 接入策略，仿真结果的最优感知时长基本是相同的。这说明 MAC 接入策略对信道状态和次用户的信道感知几乎是没有影响的。

图 5.42 是在不同信道数量条件下最小接入延时随次用户数量的变化关系仿真结果。图中，随着次用户数量的不断增加，最小接入延时先减后增。这是因为，当次用户较少时，每个时隙内信道上的次用户分布也处于稀疏状态，次用户之间的汇聚就会消耗较多的时隙数量。此时汇聚机制对接入延时的影响较大。随着用户数的不断增加，每个时隙内信道上用户分布变密，多用户竞争机制逐渐占据主导地位。这也是为什么仿真曲线的后半上升段比前半段更平缓。这也完美地解释了为何在前半段信道数越少，次用户的最小接入延时越小；而在后半段，信道数量越少，次用户最小接入延时曲线上升越快。这是因为信道数较少时，受汇聚机制影响，汇聚时间越短，随着用户的增多，其接入竞争也更加激烈。

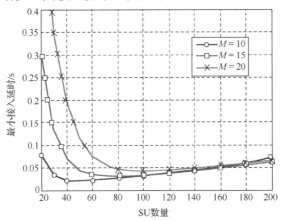

图 5.42　SU 数量和最小接入延时

图 5.43 描述了在不同信道数条件下最优感知时长随次用户数量的变化关系。我们可以看到，当次用户数在信道上分布较少时(当信道数为 10 时，用户数为 30 以下；当信道数为 15 时，用户数为 50 以下；当信道数为 20 时，用户数为 60 以下)，最优感知时长较大(110μs)。这是因为用户在各信道上分布较稀疏时，信道跳变的汇聚机制对模型的影响要大于多用户接入竞争的影响。那么次用户需要更多的时间来进行精确的频谱感知，以减少由错误频谱感知造成的汇聚失败。当次用户在信道上分布变密集时，多用户接入竞争逐渐成为重要影响因素，因此次用户需要更多的时间对信道进行争用(T_{tr})。

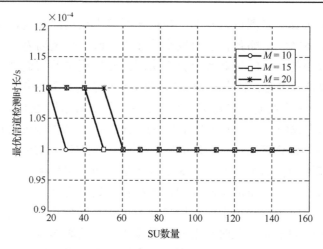

图 5.43　SU 数量和最优信道检测时长

　　上述仿真和分析都是建立在时隙长度固定的场景中。然而时隙长度 T_{slot} 对接入延时的影响是不容忽视的。图 5.44 是在感知时长和时隙长度共同作用下接入延时变化的仿真结果，其中次用户数量为 10，信道数为 100。从图中可以看到，当时隙长度为 23ms，感知时长为 100μs 时，最小接入延时为 23.15ms。图 5.45 为在不同的感知时长下时隙长度对接入延时的影响仿真。我们可以看到，当时隙长度由短变长时，接入延时先减后增。这是因为：①时隙长度太短不足以次用户完成信道感知和接入竞争；②由于汇聚往往会消耗多个时隙后才能达成，过长的时隙会造成汇聚时间的延长。不仅如此，过长的时隙还有可能对主用户的传输造成影响。

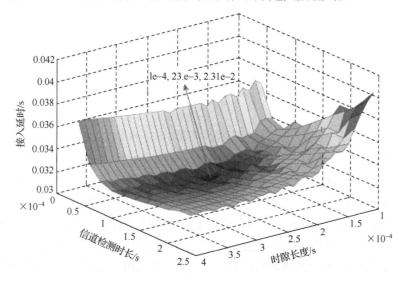

图 5.44　信道检测时长和时隙长度对接入延时的联合影响

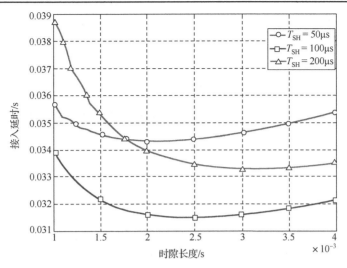

图 5.45　时隙长度和接入延时

5.5　小　　结

　　本章我们对信道跳变认知无线网络中非完美频谱检测和多用户多信道接入竞争的折中问题进行了深入分析和仿真。首先，在考虑非完美频谱检测的情况下，得出了次用户接入信道的概率表达式。其次，联合考虑非完美频谱检测和信道跳变机制，利用吸收态马尔可夫链模型计算出了次用户在接入竞争阶段的汇聚信息交互成功概率。进一步，在考虑主用户频谱优先性保证的情况下，我们对接入延时模型进行了干扰概率的约束。最后，通过仿真计算最优的感知时长和竞争接入时长，最小化了次用户的接入延时。

通过带宽自适应可以构建带宽不同的信道，从而适应有不同传输速率要求的业务。

第6章　基于SC-FDMA的多信道MAC和带宽自适应技术

6.1　引　　言

带宽自适应技术是另外一种提高网络吞吐量和公平性的有效手段。带宽自适应技术可以将一个信道划分成多个带宽不等的子信道或者将多个子信道聚合成一个数据信道使用，从而为多信道组网提供了更大的灵活性。多信道MAC与带宽自适应技术的自然结合，为未来高容量大宽带无线通信与网络系统设计提供了一条全新的途径和大量的机会，在实现频谱资源的高效利用与异构网络共存和融合等方面具有重要意义。

传统上采用OFDM物理层技术的协议规范(如IEEE 802.11a协议在物理层定义了48个正交的子载波进行数据传输)基于CSMA/CA的多址接入方式，节点使用所有的子载波进行数据通信，因此在重负载网络中碰撞概率提高，在高速网络中额外开销增多，协议性能显著下降。

因此，有研究提出了采用非连续正交频分复用(non-continuous OFDM，NC-OFDM)物理层技术的OFDMA多址接入方式，其核心思想是将传输带宽划分成相互正交的非连续的子载波集，通过将不同的子载波集分配给不同的用户，可用资源在不同移动节点之间被灵活地共享。基于OFDMA的MAC协议按照接入方式不同主要可分为两类：受控接入式和随机接入式[89,90]。受控接入式MAC是指系统按一定原则将各子载波预先分配给各节点使用，适合面向连接的服务，能够提供良好的QoS支持；随机接入式MAC是指系统中的节点可以随机竞争接入，按照需求使用子载波资源，更适合于非面向连接和突发性的业务。对于受控接入式的无线网络，多用户接入控制和资源分配问题已经得到了深入研究，可以采用现有的机制进行媒体接入控制。相反，随机接入式的多信道MAC协议设计更具挑战性，也是研究的重点。

目前，已经有不少关于随机接入式的基于OFDMA的多信道MAC协议研究。Hojoong等[91,92]提出了在WLAN中使用基于公共控制信道的多信道MAC协议，节点在带外的公共控制信道上进行信道的协商，多个节点使用相互正交的子信道同时通信，并设计了时频域的竞争机制进行拥塞控制，但协议没有考虑控制信道的瓶颈问题，同时节点只能协商使用一个固定带宽的子信道，不能根据业务负载动态调整分配方案，频带利用率低。文献[93]和文献[94]中设计了针对此类多址接入系统的时频域预约 Aloha 机制，在控制阶段通过竞争时频域上的频谱块预约相应的子信道，但没有考虑节点的不同步问题对协议性能的影响，工程上难以实现。Tan 等在文献[15]中采用跨层设计的思想，设计了一种采用 NC-OFDM 物理层技术、高效且利于实现的带宽自适应机制，它针对高速 WLAN 中 AP(access point)如何将可用带宽分配给与之关联的节点的问题，设计了自适应带宽分配的信道接入方法 FICA(fine grained channel access)，节点可以根据负载的需求竞争接入一个或多个子信道，设计了频域退避的拥塞控制机制来协调子信道的接入。但是，NC-OFDM 技术的缺点是高峰均比(peak to average power ratio，PAPR)，这使得射频放大器的功率效率很不理想，对发送节点的功放提出了很高的要求，会显著增加发送节点信号处理的复杂度和设备成本；同时在上行链路中，不同用户节点发送的数据在 AP 存在由传播时延引起的不同步问题。因此，NC-OFDM 技术只适用于 WLAN 的下行链路，并不适合网络的上行链路。

　　最近，采用 DFT 扩展 OFDM(DFT-S-OFDM)物理层技术的 SC-FDMA 多址接入方式引起了研究人员的关注。DFT-S-OFDM 具有更低的 PAPR，可用于上行链路的接入。但是对于在上行链路中如何解决节点的同步、信道接入的协商以及带宽的分配等关键问题还没有相关的研究。因此，基于 SC-FDMA(single-carrier frequency-division multiple access)的多信道 MAC 协议设计还是一个开放的问题，也是本章的研究内容，如图 6.1 所示。

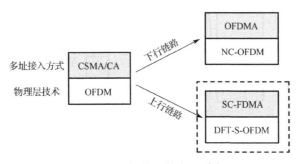

图 6.1　多址接入的发展过程

　　针对上述问题，本章设计了适用于上行链路的基于 SC-FDMA 技术的多信道随机接入协议，允许多个用户使用不同的子载波发送带宽需求，并行地进行信道接入的协商，降低了碰撞概率，减少了信道协商接入带来的额外开销；同时使用基于子载波的带宽自适应机制，根据节点的业务负载分配子载波，进一步提高了频带利用率。为了便于理解，下面首先介绍 SC-FDMA 的基本原理，再介绍本章提出的多信道接入和带宽自适应机制，最后对性能进行理论分析和仿真验证。

6.2　基于 SC-FDMA 的多信道 MAC 协议设计

6.2.1　SC-FDMA 的基本原理

SC-FDMA 改进了传统的 OFDMA 技术，通过子载波映射将控制帧和数据帧的传输建立在非连续的子载波上。这样一方面可以使多个发送节点共享可用频段，提高频带利用率；另一方面与 OFDMA 相比，SC-FDMA 的峰均比更低，可有效降低发送节点的复杂度，更适用于上行链路的多址接入。

SC-FDMA 多址方式采用 DFT-S-OFDM 技术，与 NC-OFDM 的区别在于子载波映射之前加入了一个 DFT 环节，能够有效降低峰均比。长度为 M 的数据符号块完成 SC-FDMA 接入的发送节点模型如图 6.2 所示。经过星座图映射的 M 个数据首先通过离散傅里叶变换(discrete Fourier transform，DFT)获取与这个长度为 M 的离散序列相对应的长度亦为 M 的频域序列。然后 DFT 的输出信号送入 N 点的离散傅里叶反变换(IDFT)中，其中 $N \geqslant M$，也就是说，IDFT 的长度比 DFT 长，IDFT 多出的输入数据部分用 0 补齐。在 IDFT 之后，为了避免符号间干扰为每组数据添加循环前缀(cyclic prefix，CP)，最后通过 D/A 变换得到发送序列 $x(t)$。在接收节点，去 CP 之后得到的符号先经过 N 点的 DFT，去掉补齐的 0 后再进行 N 点的 IDFT 就可以恢复出发送数据。

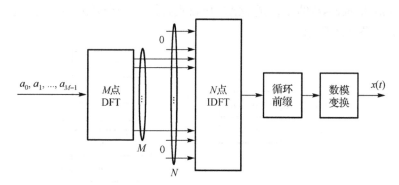

图 6.2　SC-FDMA 多址接入原理图

将 SC-FDMA 多址接入技术用于上行链路主要有以下两方面的考虑。

(1)峰均比低：SC-FDMA 的实现过程与 OFDMA 有相似之处，都有一个采用 IDFT 的过程，所以 SC-FDMA 可以看作一个加入了预编码的 OFDMA。如果 DFT 的长度 M 等于 IDFT 的长度 N，那么两者级联，DFT 和 IDFT 的效果就互相抵消了，输出的信号就是一个普通的单载波调制信号，所以最终 SC-FDMA 输出信号的 PAPR 比 OFDMA 信号小。

（2）灵活的信道接入和资源分配方式：通过改变 DFT 输出端到 IDFT 输入端的对应关系，数据符号的频谱可以被搬移至不同的位置。子载波的映射方式可分为集中式和分布式两种，如图 6.3 所示。这样在多信道 MAC 协议的控制下用户节点只要改变映射关系就可以实现多址接入，同时子载波之间良好的正交性也避免了多址干扰。另外，通过带宽自适应机制改变不同用户输入信号符号块 M 的值就可以实现带宽资源的灵活配置。

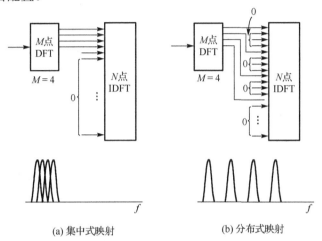

(a) 集中式映射　　　　　　　　　　(b) 分布式映射

图 6.3　SC-FDMA 的集中式和分布式两种子载波映射方式

同时，按照跨层设计的思想，如果考虑用户节点在不同子载波上信噪比的差异，可以使用文献[96]和文献[97]提出的算法对子载波和功率分配进行最优化，从而获得用户分集增益。但是为了突出重点，本章假设节点在所有子载波上的信噪比相同，节点在一个子载波上的发送速率和该子载波的带宽成正比。

6.2.2　基于 SC-FDMA 的多信道 MAC 协议和带宽自适应机制

我们研究的基于 SC-FDMA 的多信道 MAC 协议将可用的带宽 B 划分为 k 个带宽相等的子载波。假设在控制窗口中节点进行信道预约时可使用带宽的最小粒度为 n 个连续的子载波，我们称为子载波组，则在 MRTS（multiple-RTS）时隙系统可用的子载波组的个数 m 为 k/n。网络场景中包含一个 AP 和 N 个节点，假设信道为理想信道且不考虑捕获效应。不考虑用户分集的情况，即节点在各个子载波上的速率相等。

图 6.4 表示上行链路中基于 SC-FDMA 的多信道 MAC 协议的媒体接入过程，媒体接入采用类似于 802.11 的 CSMA/CA 的形式。在时间轴上划分为一个个连续的发送周期，每个发送周期包含一个控制窗口和一个数据窗口。在控制窗口，所有的竞争节点在 MRTS 时隙随机选择某个子载波组发送接入请求，AP 在 MCTS（multiple-CTS）

时隙发送对子载波组的分配信息；在接下来的数据窗口，节点使用分配到的子载波组进行数据帧的发送，最后 AP 发送 MACK 帧对正确接收的数据帧进行确认。

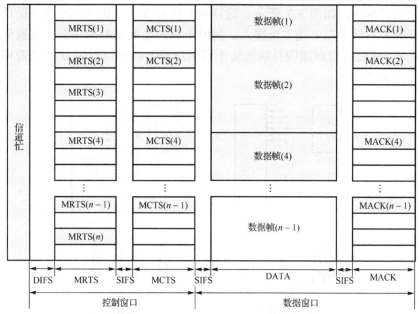

图 6.4　本章提出的接入机制示意图

控制窗口：当所有的子载波空闲时间超过 DIFS 并且节点的退避计数器为 0 时，这些节点就可以在接下来的 MRTS 时隙随机选择一个子载波组发送 MRTS 帧，其中包含该节点将要发送的数据帧的长度信息。不考虑捕获效应，当多个节点使用相同的子载波组发送数据时会发生碰撞，AP 就不能正确接收到该子载波组上的 MRTS 帧。

当 AP 接收到所有未发生碰撞的子载波组上的 MRTS 帧后，根据各节点的数据帧长度和带宽自适应的算法计算出为每个发送请求的节点分配的子载波组，并且在 MCTS 时隙将子载波组分配信息在对应的子载波上发送。同时，发送请求的节点在 MRTS 时隙选择的子载波组上接收分配信息，未接收到分配信息的节点开始退避过程。

为了缓解网络拥塞问题，我们采用类似二进制指数退避(binary exponential backoff，BEB)算法进行拥塞控制：在 MCTS 时隙未接收到分配信息的节点在接下来的若干发送周期内停止发送请求，其退避的发送周期数是在 $[0, W_i - 1]$ 区间服从均匀分布的一个随机整数，$W_i = 2^i \cdot W_0$，其中，W_0 是初始退避周期数，i 为该数据帧重传的次数。节点每经过一个完整的发送周期，退避计数器减 1。

数据窗口：接收到分配信息的节点在接下来的 DATA 时隙在 AP 分配的子载波组上发送数据帧，AP 在相应的各子载波组上回复 MACK 帧对是否成功发送进行确认，未接收到 MACK 的节点重发该子载波组上的数据报文。

本章按照"比例公平"的原则对子载波进行分配，可以保证为各个节点分配的带宽与其发送的数据帧长度成比例，使各个子载波上的数据帧发送基本同时结束，提高数据窗口的频带利用率。需要注意的是，节点在数据窗口连续发送多个数据帧可以增加发送净负载的时间在整个发送周期的比例，从而显著提高系统的吞吐量。

6.2.3　不同步问题

在本章提出的多信道接入和带宽自适应机制下，节点使用并发送不同的子载波，由于不同节点传输时延不同，不同节点发送的 MRTS 帧和数据帧到达 AP 的时间不能严格对齐，由此引起的偏移会破坏子载波的正交性，AP 就无法正确地解调恢复各个子载波上的数据符号。这是上行链路中基于 SC-FDMA 多址接入特有的不同步问题。

AP 接收不同节点发送的 MRTS 帧和数据帧时可能出现不同步问题，如图 6.5 所示。考虑最坏的情况：节点 A 距离 AP 足够近，其传播时延 t_{pA} 可以忽略不计；节点 B 距离 AP 最远，其传播时延 t_{pB} 可以认为是 AP 的覆盖半径除以信号的传播速度，相当于网络的最大传播时延。图 6.5(a) 给出了 AP 接收不同 RTS 帧时的不同步现象：当节点 A 接收到上一个周期中的 MACK 帧时，经过 DIFS 开始发送 MRTS 帧，而 AP 发送的 MACK 帧要经过 t_{pB} 才会被节点 B 接收到，再经过 DIFS 节点 B 开始发送 MRTS 帧。这样节点 A 和 B 发送的 MRTS 帧到达 AP 的时间差为 $2t_{pB}$。图 6.5(b) 给出了 AP 接收不同数据帧时的不同步现象：AP 发送的 MCTS 帧到达节点 A、B 的时间差为 t_{pB}，经过 SIFS 后节点使用分配的子载波发送数据帧，两个数据帧到达 AP 的时间差为 $2t_{pB}$。假设无线传输中的最大多径时延为 t_m，最大传播时延为 δ，只要保证：①AP 发送的 MCTS 帧和 MACK 帧的循环前缀长度 CP_{AP} 不小于 t_m；②用户节点发送的 MRTS 帧和数据帧的循环前缀长度 CP_{user} 不小于 $2(\delta+t_m)$，就可以消除由于不同步和多径传输造成的符号间串扰。在本章的工作中，通过为 AP 和用户节点发送的帧设置不同长度的 CP 来解决不同步问题。

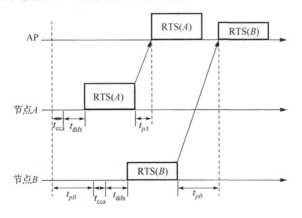

(a) AP接收RTS帧时的不同步现象

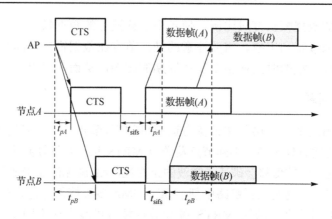

(b) AP接收数据帧时的不同步现象

图 6.5　基于 SC-FDMA 的上行链路的不同步现象

6.3　基于 SC-FDMA 的多信道 MAC 协议的性能分析

6.3.1　准备工作

本节将对基于 SC-FDMA 的多信道 MAC 协议的性能进行分析，此处的分析基于以下条件和假设。

（1）假设系统中总的子载波数为 K，可以用来发送控制帧和数据帧的子载波数为 k，如在 802.11a 物理层规范中，将可用带宽划分为 64 个子载波，其中数据子载波数为 48。不考虑用户分集，所有节点在各个子载波上的速率均相等。在控制窗口将 k 个子载波平均划分为 j 个子载波组，每个子载波组有 k/j 个子载波。

（2）网络处于饱和状态，节点在完成一次成功的发送后队列中都有下一个数据帧等待发送，节点 i 要发送的数据帧的净负载的长度用 L_i 表示，物理层和 MAC 层帧头总长度用 H 表示。

（3）信道为理想信道且不考虑捕获效应，节点只可能在 MRTS 时隙发生碰撞。

在分析中，将每一个完整的周期记为一个虚拟时隙，所有节点在每一个虚拟时隙发送数据的平均概率 τ 恒定且相等。

6.3.2　性能分析

在本章设计的多信道 MAC 协议中，在考虑理想信道情况下，碰撞只可能发生在 MRTS 时隙。假设一个含有 n 个用户节点的网络，在控制窗口可用的子载波组数为 j，在数据窗口带宽分配的最小粒度为单个子载波且按照"比例公平"的原则对子载波进行分配。

根据 Bianchi 的分析模型[98]易知，节点在每个虚拟时隙发送 MRTS 帧的平均概率 τ 可以表示为

$$\tau = \frac{2(1-2p)}{(1-2p)(W_0+1)+pW_0(1-(2p)^m)} \tag{6-1}$$

由于节点在每个虚拟时隙中随机选择一个子载波组发送 MRTS，则条件碰撞概率 p 可以表示为

$$p = 1-(1-\tau)^{n/j-1} \tag{6-2}$$

在 MRTS 时隙，子载波组空闲的概率 P_{idle} 为没有节点选择该子载波组发送 MRTS 帧的概率，子载波组上发生碰撞的概率 P_c 为两个或两个以上节点选择这个子载波组发送 MRTS 帧的概率，子载波组上发送成功的概率 P_s 为有且只有一个节点在这个子载波组上发送 MRTS 帧的概率。发送请求的平均节点数 n_{ave} 为 $n\tau$。由于节点随机选择子载波组发送 MRTS 帧，所以发送 MRTS 帧的节点选择任何一个子载波组的概率均为 $1/j$。对于子载波组 S_i，空闲概率、MRTS 碰撞概率和 MRTS 成功发送概率可以表示为

$$\begin{cases} P_{idle} = \left(1-\dfrac{1}{j}\right)^{n_{ave}} \\ P_s = n_{ave} \cdot \dfrac{1}{j} \cdot \left(1-\dfrac{1}{j}\right)^{n_{ave}-1} \\ P_c = 1-P_{idle}-P_s \end{cases} \tag{6-3}$$

于是 MRTS 时隙成功发送 MRTS 帧的节点总数 S_{total} 可以表示为

$$S_{total} = j \cdot P_s \tag{6-4}$$

不妨假设前 S_{total} 个节点的 MRTS 帧发送成功，则 AP 接收到的各节点在接下来的数据窗口要发送数据帧的总长度为

$$D = \sum_{i=1}^{S_{total}} (L_i+H) \tag{6-5}$$

我们采用"比例公平"的子载波分配方案：AP 为每个竞争节点分配的子载波数与其要发送的数据帧的长度成正比，即为节点 i 分配的子载波数为

$$A_i = \left\lfloor \frac{L_i+H}{D} \cdot k \right\rfloor \tag{6-6}$$

其中，$\lfloor * \rfloor$ 表示对括号中的数值*下取整。于是在一个发送周期中，采用本章提出的协议被分配用来发送数据帧的子载波数为

$$T = \sum_{i=1}^{S_{\text{total}}} A_i = \sum_{i=1}^{S_{\text{total}}} \left\lfloor \frac{L_i + H}{D} \cdot k \right\rfloor \approx k \tag{6-7}$$

这样在数据窗口几乎所有的子载波都被用来发送数据帧。假设每个子载波发送数据帧的速率均为 r，则 DATA 时隙的长度为

$$T_{\text{DATA}} = \frac{\sum_{i=1}^{S_{\text{total}}} (L_i + H)}{kr} \tag{6-8}$$

则系统的总吞吐量可表示为

$$S = \frac{\sum_{i=1}^{S_{\text{total}}} L_i}{T_{\text{ave}}} \tag{6-9}$$

其中，T_{ave} 表示一个虚拟时隙的长度，可以表示为

$$T_{\text{ave}} = \text{DIFS} + 3 \cdot \text{SIFS} + 3\delta + E(\text{MRTS}) + E(\text{MCTS}) + T_{\text{DATA}} + E(\text{ACK}) \tag{6-10}$$

其中，δ 表示最大传播时延；$E(*)$ 表示发送*帧需要的时间，需要注意的是，发送 MRTS、MCTS 和 MACK 帧的时间与子载波组含有的子载波数有关，于是

$$\begin{cases} E(\text{MRTS}) = \dfrac{\text{MRTS}}{k/j \cdot r} \\ E(\text{MCTS}) = \dfrac{\text{MCTS}}{k/j \cdot r} \\ E(\text{MACK}) = \dfrac{\text{MACK}}{k/j \cdot r} \end{cases} \tag{6-11}$$

从上述分析可以看出，如果允许节点在一个周期中连续发送 l 个数据帧，那么系统的吞吐量几乎可以提高 l 倍，能显著提高网络的性能。按照 TxOp 的设计思路，在控制窗口，节点 i 查看发送队列中第一个数据帧的目的地址，然后计算发往该目的地址的数据帧的总数，这里假设为 l_i。那么在接下来发送 MRTS 帧进行信道协商时，将数据窗口需要发送的数据帧总长度设置为 $l_i(L_i + H)$。通过连续发送多个数据帧可以显著提高协议的带宽利用率。

6.4 基于 SC-FDMA 的多信道 MAC 协议的性能仿真

6.4.1 协议仿真模型及参数设置

我们使用 NS2 仿真软件对本章提出的多信道接入协议和带宽自适应机制进行网

络仿真。仿真中使用的参数如表 6.1 所示,仿真中节点随机分布在 250m×250m 的区域内,AP 位于该区域的中心,业务类型为 CBR 数据流,随机选择某个节点作为目的节点,发送数据包的间隔都服从相同的泊松分布,数据帧净负载长度 L_i 字节数服从均匀分布 $U[128,1024]$。节点通信距离为 250m,干扰距离为 500m,这样节点在相同的子载波上发送帧就会发生碰撞。仿真中使用的网络参数参照 IEEE 802.11a 的物理层标准并做了一定修改。

表 6.1　协议仿真参数设置

参数	值	说明
W_0	8	最小退避窗口
M	0	最大重传次数
SIFS	16μs	SIFS 帧间隔时间
DIFS	34μs	DIFS 帧间隔时间
K	64	系统子载波总数
K'	48	数据子载波数
R	6Mbit/s	数据发送总速率
R_s	0.125Mbit/s	每个子载波支持的速率
PHY header	192bit	物理帧头长度,包括 PLCP 前导与 PLCP 头
MAC header	272bit	MAC 帧头长度
H	PHY header+MAC header	帧头总长度,包括物理头和 MAC 头
MACK	112bit +PHY header	MACK 帧长度
MCTS	112bit +PHY header	MCTS 帧长度
MRTS	160bit +PHY header	MRTS 帧长度
CP_{user}	2.4μs	用户节点发送帧(MRTS 和数据帧)的 CP 长度
CP_{AP}	1.2μs	AP 发送帧(MCTS 和 MACK 帧)的 CP 长度
Δ	1μs	最大传播延时
t_m	0.2μs	最大多径延时

6.4.2　仿真结果与分析

首先,我们仿真了在控制窗口划分不同的子载波组数对协议的影响。我们令子载波组的数量分别为 2、4 和 8,也就是说,每个子载波组包含的子载波数分别为 24、12 和 6。仿真中在每个子载波上的发送速率均相等,每个周期中只允许发送一个数据帧。仿真结果如图 6.6 所示,可以发现,随着节点数的增加,系统的总吞吐量逐渐提高直到饱和,并且当节点数小于 10 时,划分为 2 个子载波组时获得的吞吐量最优,当节点数超过 20 时,划分为 8 个子载波组时获得的吞吐量最优。这主要是由于随着节点数的增加,控制窗口所能完成的握手逐渐饱和,从而使系统吞吐量达到饱和;同时设置更多的子载波组数意味着发送 MRTS 等控制帧碰撞概率减小,但是发送控制帧的时间增加,因此要根据竞争节点数设置合适的子载波组数以使吞吐量达到最优。

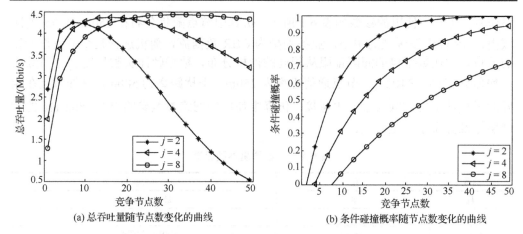

(a) 总吞吐量随节点数变化的曲线　　　　　(b) 条件碰撞概率随节点数变化的曲线

图 6.6　不同子载波组数对协议性能的影响

其次，我们考察了允许连续发送多个数据帧时系统的总吞吐量性能。我们将可用的子载波划分为 4 个子载波组，每个周期中允许发送的最大数据帧数分别设置为 1、2、4 和 8，发送队列足够长。仿真结果如图 6.7 所示，可以看到系统总吞吐量几乎随着允许发送的数据帧数 l 线性增加，当 $l=8$ 时，系统的总吞吐量略大于 5Mbit/s，几乎达到系统的最大容量。

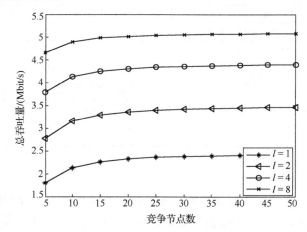

图 6.7　连续发送多个数据帧时的吞吐量性能

最后，我们比较了本章提出的多信道 MAC 和带宽自适应协议与 FICA[15]的吞吐量性能。为了保证比较的公平性，系统的总发送速率都设为 6Mbit/s，本章协议将可用子载波划分为 4 个子载波组，FICA 将可用子载波划分为 4 个子信道，成功协商的节点最多能发送两个数据帧。仿真结果如图 6.8 所示，可以看到，本章提出的带有带宽自适应机制的多信道 MAC 比采用固定带宽分配的 FICA 协议的吞吐量性能有了明显提升，这主要是因为带宽自适应机制可以按照节点发送数据帧的长度分配子载波，既保证了在数据窗口可以使用所有的子载波发送数据帧，又使各节点的数据帧发送基本同时完成，减少了数据窗口空闲的子载波数，从而提高了频谱利用效率。

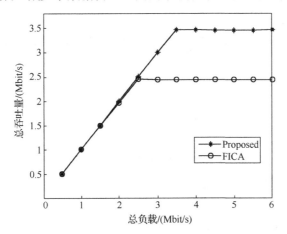

图 6.8　本章提出的协议与 FICA 的吞吐量性能比较

6.5　小　　结

多信道 MAC 与带宽自适应技术的自然结合，将为未来高容量大宽带无线通信与网络系统设计提供一条全新的途径和大量的机会；OFDMA 和 SC-FDMA 技术支持多用户使用不同的子载波并行通信，为多信道 MAC 协议设计和带宽自适应技术研究提供了应用平台。这两者的紧密结合是未来无线通信网络重要的发展方向之一。

本章针对无线网络中的上行链路进行了多信道 MAC 协议和带宽自适应技术的研究，给出了基于 SC-FDMA 的多信道 MAC 和带宽自适应协议，通过协商节点可以使用不同的子载波组进行无干扰的并行数据传输，并提出了按照"比例公平"的原则进行子载波分配，既减小了碰撞概率，提高了系统吞吐量，又能根据用户不同的带宽需求合理分配带宽资源，提高了公平性。

不同的信道带宽、频段等带来了信道的异质性，因而不同信道的信道质量也会不同，在信道分配过程中需要将这些不同质量的信道分别分配给最恰当的节点。

第7章　基于信道质量的分布式信道分配算法

7.1　引　　言

在大规模的无线通信网络中，高密度的移动智能节点对多信道的网络协议架构设计提出了严峻的挑战。多信道 MAC 协议设计为解决多个节点同时进行数据传输提供了良好的支撑。在多信道网络通信中，最为重要的一个问题是保证节点无干扰地接入信道，同时使得每个节点分配到质量好的信道以保证通信质量。信道分配对于多信道无线通信网络的性能有着极其重要的作用，多信道分配是当前大规模无线通信网络中的焦点问题。

信道分配在多信道的无线网络中得到了深入研究，信道分配可以分为集中式信道分配和分布式信道分配。在集中式信道分配中，中心节点能够掌控全网络的信息，因此能够提出优化的方案并且指导节点的具体行为，以此来实现全局最优。但是在高密度节点的通信网络中主要存在以下三方面的问题：①中心节点根据全网信息做出最优化方案，但是在大规模的网络中，优化算法复杂度高，对中心节点的计算能力提出了很高的要求；②在动态网络环境中，节点的位置实时移动，节点之间的干扰也在不断的动态变化当中，中心节点需要与各个节点之间进行频繁、大量的数据交互，导致碰撞、重传等网络业务繁忙；③在网络中，中心节点不一定总是存在的，中心节点会被恶意节点攻击。

在这种情况下，分布式信道分配更加适应于大规模的动态网络。在分布式信道分配中，各个节点能够感知到周围其他节点的干扰以及可用资源的限制，但是在大部分的分布式信道分配中，节点需要周期性地跳至公共信道进行协商通信，并根据协商结果指导下一步的通信行为[99]。在这一类算法设计中，全网同步和公共信道起到了决定性的作用，但是全网同步的维护带来较多的额外开销，公共信道易拥堵饱和，且易受到恶意攻击。因此，在这些算法设计中并未真正实现"完全自主控制"的分布式网络。

带宽自适应技术是另外一种提高网络传输效能的有效方式。在带宽自适应技术中，信道由多个带宽不等的子信道组成，用户可以单独采用某个子信道或者聚合多个子信道，从而进一步增加信道的容量和组网的灵活性。信道分配算法和带宽自适应技术的联合设计，针对未来大规模高密度的无线通信网络，将在高效地利用频谱、提高网络服务质量、安全健壮的架构设计中发挥重要作用。

针对以上问题，本章以解决高密度动态分布式网络中的信道分配问题为目的，通过各个分布式节点进行自主决策，同时通过各个节点学习历史接入经验，并综合考虑节点移动性、信道异质性、网络恶意攻击等因素，设计了基于强化学习的信道分配算法。本章的主要贡献如下。

一方面，信道分配算法能够保证干扰范围内的节点采用一个或者多个子信道互不干扰地并行传输，并且考虑到信道时变性和节点对信道的质量要求，每个节点均能接入质量好的信道上进行数据传输。

另一方面，基于强化学习的信道分配算法能够自适应地动态调整节点接入的信道，以应对网络中的节点入网/退网请求和恶意节点的攻击等。

本章组织如下：7.2 节阐述高密度动态分布式网络中存在的问题，以及提出分布式信道分配的解决思路；7.3 节详细给出基于信道质量的信道排序算法；7.4 节和 7.5 节分别阐述基于信道强化学习的信道分配算法设计并对算法设计进行验证分析；7.6 节进行总结。

7.2　系统模型和问题描述

本章考虑分布式节点进行数据收集的网络场景，如图 7.1 所示。

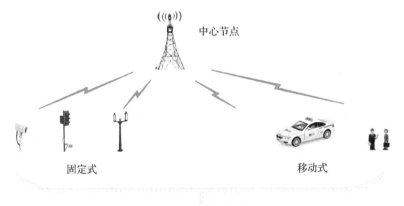

图 7.1　系统模型

在如图 7.1 所示的网络中存在两种不同类型的节点，即中心节点和分布式节点，其中分布式节点又可能包括固定节点(如安装在固定位置的摄像头、空气质量检测器、烟雾探测器等)和移动节点(如手机、平板电脑、人体传感器、汽车等)。网络中的分布式节点根据业务需求采集数据，并将数据汇集到中心节点进行处理或再进一步通过骨干网进行远距离传输。该场景也是物联网应用中的典型场景。

　　本章采用非连续正交频分复用（DOFDM）物理层技术。信道采用瑞利衰落模型。其核心思想是节点可以同时占用一个或者聚合多个子信道进行数据传输。聚合多个子信道传输时不改变原有 OFDM 系统框架，如图 7.2 所示，通过关闭部分不使用的子信道和开启待使用的子信道，将其聚合成一个信道进行传输。

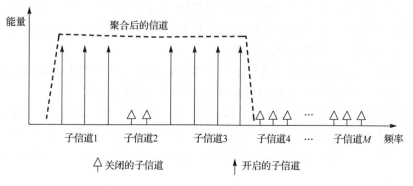

图 7.2　基于 DOFDM 的信道聚合技术

　　DOFDM 技术和信道接入控制技术相结合[100]，对实现大规模高密度的物联网具有重要意义。在此网络架构下，节点首先进行频谱感知，检测出可用的信道资源，并进行信道质量测量，常用的方法有：信道估计、能量检测（energy detections，ED）等。根据检测结果对可用信道进行信道质量排序，得到可用信道列表（available channel set，ACS）。根据创建的可用信道列表选择信道进行接入。但是当多个节点在干扰范围内采用相同的信道进行传输时，接入碰撞产生，减小了节点接入的概率。由于每个分布式节点能够清晰地感知到信道状态，借鉴计算迁移的思想，每个节点可以承担中心节点的部分计算工作，以此来选择信道接入方式。因此，每个节点能够自主决定自己的接入行为，不依赖于中心节点的指导，以此增强网络效能。

　　因此，高密度网络中分布式信道的选择也面临以下亟待解决的问题。

　　(1)考虑到信道异质性，信道分配在减小接入概率的同时保证每个节点分配到最为合适的信道，满足节点动态的服务质量需求。

　　(2)信道分配能够灵活地调整分配方案，以应对节点的加入、离开和恶意节点的攻击，并最大化信道利用率。

7.3　信道质量排序算法

　　本节首先介绍信道质量排序算法的基本流程，然后建立数学模型分析该协议的性能，最后进行参数设计和仿真实验。

7.3.1　信道质量评估因素

目前大部分信道分配算法并未将信道异质性和节点传输要求的影响作为考虑的因素。首先，网络中不同的节点对 QoS 的要求不同。例如，在图 7.1 的物联网模型中，温度监测传感器只需要传输少量的信息，而摄像头传送的视频画面信息传输量大，因此它们对传输的带宽提出了不同的需求。其次，移动节点和中心控制节点的相对位移形成多普勒频移，造成信道在时间上的变化。但是在不同的信道上，信号经历的衰落是不同的，分为慢衰落信道和快衰落信道。选择在合适的信道上进行数据传输具有重要的意义。

因此，我们借鉴多属性决策(multi-attribute decision-making，MADM)算法对信道的质量进行评价，将信道质量根据信道的不同影响因子从高到低进行排序，最后根据评价结果进行信道分配。

本节选择 5 个参数作为影响信道质量评估的因子，分别为带宽、信干噪比、相干带宽、相干时间和频点。

带宽：带宽是指信号传输所占用的频率范围。根据香农定理可得，信道带宽直接影响信道传输速率。

信干噪比：信干噪比定义为接收信号与干扰信号和噪声的功率比，是通信双方能否正常建立通信链路的指标之一。

相干带宽：信号在传输过程中形成反射、绕射或散射，接收信号由多径信号的叠加构成。一般认为，当相关带宽大于信号带宽时，信道为平坦信道。

相干时间：考虑到节点的移动性，节点相对于中心节点存在相对径向运动，接收信号的频率发生变化，多普勒效应由此产生。当相干时间大于符号间隔时，可以认为该信道变化缓慢，为慢衰落信道。

频点：高频段信号传输，传输距离短，传输速率高；低频段信号传输，传输距离远，节点可进行高速移动传输。

7.3.2　信道质量排序算法分析

1.　确定评估因素权重

首先根据不同的网络场景以及节点的传输要求确定 5 个信道影响因子的权重，将问题转化为各个因素对信道质量的影响进行优劣排序。

1）建立判决矩阵

各个信道影响因子之间两两进行比较，并根据比较结果建立判决矩阵 B

$$B = (b_{ij})_{n \times n} = \begin{bmatrix} b_{11} & \cdots & b_{1n} \\ \vdots & & \vdots \\ b_{n1} & \cdots & b_{nn} \end{bmatrix} \tag{7-1}$$

其中，n 为评估信道影响因子的总数（在本节中 $n=5$）；b_{ij} 表示信道影响因子 i 相对于信道影响因子 j 的重要性。表 7.1 显示了影响因子对比重要性等级。

表 7.1 影响因子对比重要性等级

i 与 j 重要性比较结果	b_{ij}
i 与 j 同等重要	1
i 比 j 稍微重要	3
i 比 j 重要	5
i 比 j 明显重要	7
i 比 j 绝对重要	9
相邻两级间	2，4，6，8

2）归一化判决矩阵

将矩阵 B 的各元素按列进行归一化处理得到归一化判决矩阵 R，且

$$r_{ij} = \frac{b_{ij}}{\sum\limits_{i=1}^{n} b_{ij}}, \quad \forall i \in [1, n], \quad j \in [1, n] \tag{7-2}$$

3）权重计算

信道影响因子 i 的权重为 w_i，它由归一化判决矩阵 R 中第 i 行各元素的均值决定，由此可得

$$w_i = \frac{1}{n} \sum_{j=1}^{n} r_{ij} \tag{7-3}$$

4）一致性检验

一致性检验的目的在于检验对各个信道影响因子权重计算的有效性。判决矩阵中各个信道影响因子的比较受到决策节点主观意愿的影响，且各个信道影响因子相对重要性的比较具有传递性，若前后判断不一致将导致权重的无效性，因此一致性检验是必要的。Saaty[101]提出一致性检验的过程如下，首先计算一致性指标参数（consistency index，CI）

$$CI = \frac{\lambda_{\max} - n}{n - 1} \tag{7-4}$$

其中，$\lambda_{\max}$ 为最大特征根，计算公式为

$$\lambda_{\max} = \frac{1}{n} \cdot \left(\sum_{i=1}^{n} \frac{\sum_{j=1}^{n} cv_{ij}}{w_i} \right) \tag{7-5}$$

考虑到不同 n 对一致性判别的影响，对于不同 n 给予不同的误差限制，因此引入随机一致性指标 RI，如表 7.2 所示[102]。

表 7.2　随机一致性指标

n	1	2	3	4	5	6	7	8
RI	0	0	0.58	0.96	1.12	1.24	1.32	1.41

一致性比率(consistency ratio，CR)定义为

$$CR = \frac{CI}{RI} \tag{7-6}$$

若 $CR < 0.1$，则判决矩阵 B 通过一致性检验，权重选取具有合理性；若 $CR \geqslant 0.1$，则判决矩阵 B 未通过一致性检验，需要重新构造。

2．信道质量排序

信道质量评价是基于 5 个信道影响因子的权重展开的，信道质量排序算法主要分为以下三个步骤。

1）建立信道评价矩阵

信道评价矩阵 $X = (x_{ij})_{m \times n}$ 中的元素 x_{ij} 代表信道 i 的影响因子 j 的数值。信道评价矩阵 X 中的元素具有不同的量纲，因此，建立归一化的信道评价矩阵 $Y = (y_{ij})_{m \times n}$，计算如下

$$y_{ij} = \frac{x_{ij}}{\sqrt{\sum_{i=1}^{m} x_{ij}^2}}, \quad \forall i \in [1, m], \quad j \in [1, n] \tag{7-7}$$

加权的归一化信道评价矩阵可以表示为

$$V = (v_{ij})_{m \times n} = W \cdot Y$$

2）计算候选信道与理想信道的贴合度

V^+ 和 V^- 定义为最理想的信道和拥有最坏信道质量的信道，计算方法如下

$$V^+ = \{\langle \min(v_{ij} \mid i \in [1, m]) \mid j \in j^- \rangle, \langle \max(v_{ij} \mid i \in [1, m]) \mid j \in j^+ \rangle\} = \{v_j^+ \mid j \in [1, n]\} \tag{7-8}$$

$$V^- = \{\langle \max(v_{ij} \mid i \in [1, m]) \mid j \in j^- \rangle, \langle \min(v_{ij} \mid i \in [1, m]) \mid j \in j^+ \rangle\} = \{v_j^- \mid j \in [1, n]\} \tag{7-9}$$

其中，j^+ 为积极信道影响因子，意味着影响因子的数值越大，信道质量越好；j^- 为

惰性信道影响因子，意味着影响因子的数值越大，信道质量越差。在本章选取的 5个信道影响因子中，均为积极影响因子。

计算信道 i 和最理想信道的欧氏距离 D_i^+，信道 i 和最坏信道质量的信道欧氏距离 D_i^-

$$D_i^+ = \sqrt{\sum_{j=1}^{n}(v_{ij} - v_j^+)^2}, \quad \forall i \in [1,m], \quad j \in [1,n] \tag{7-10}$$

$$D_i^- = \sqrt{\sum_{j=1}^{n}(v_{ij} - v_j^-)^2}, \quad \forall i \in [1,m], \quad j \in [1,n] \tag{7-11}$$

3）信道质量排序

计算信道 i 的相对贴合度，相对贴合度是为了比较信道 i 与最理想的信道的接近程度，以及信道 i 和最坏信道质量的信道的远离程度

$$\mathrm{rd}_i = \frac{D_i^-}{D_i^- + D_i^+}, \quad \forall i \in [1,m] \tag{7-12}$$

我们可以发现 $\mathrm{rd}_i \in [0,1], \forall i \in [1,m]$，并且当 $\mathrm{rd}_i = 1$ 时，代表信道 i 是最理想的信道；当 $\mathrm{rd}_i = 0$ 时，代表信道 i 是最坏信道质量的信道。因此，我们按照 rd_i 降序对信道进行排序。rd_i 值越大，代表信道 i 质量越好，在可用信道列表的排序中越靠前。

综上所述，信道质量排序算法的总体算法流程如算法 7.1 所示。根据算法流程，每一个节点能够实现对自身可用信道列表中的信道进行依次排序。

算法 7.1　信道质量排序算法

1　初始化：

2　基于信道模型初始化各个信道上的信道影响因子(带宽、信干噪比、相干带宽、相干时间和频点)的数值；

3　建立可用信道列表

4　信道质量排序：
　　//确定评估因素权重

5　While(CR≥0.1) do //判决矩阵未通过一致性检验

6　　　计算权重 $W=(w_i)_{n\times 1}$；

7　end while
　　//信道质量排序

8　While(CR<0.1)do　　　　//判决矩阵通过一致性检验

9　　　建立归一化信道评价矩阵 $Y=(y_{ij})_{m\times n}$；

10　　　建立加权的归一化信道评价矩阵 $V=(v_{ij})_{m\times n}$；

11　　　计算信道 i 的相对贴合度 rd_i；

12　　　按照 rd_i 降序对信道进行排序；

13　end while

7.3.3　信道质量排序算法性能仿真

本节主要针对实现节点对信道质量排序的实际过程进行仿真说明。基于文献[103]建立信道模型和仿真参数，各个信道上的信道影响因子如表 7.3 所示。

表 7.3　协议仿真参数设置

信道影响因子	数值分布
信干噪比	服从 5~30dB 随机分布
带宽	50~200kHz
相干带宽	服从 5~20kHz 均匀分布
相干时间	18~21ms 随机分布
频率	5GHz

首先，假设节点当前的可用信道数 $M=8$，该网络场景中的各个可用信道初始化影响因子 y_{ij} 的数值如图 7.3 所示。

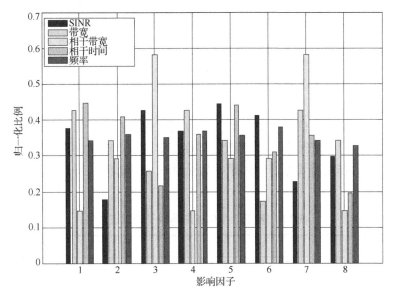

图 7.3　归一化信道影响因子参数设计（见彩图）

基于节点对数据传输的要求建立判决矩阵 B，如表 7.4 所示。判决矩阵 B 由决策节点的主观意愿决定，它可以根据节点变化的传输要求进行灵活的调整。

表 7.4　判决矩阵

影响因子	带宽	相干带宽	相干时间	信干噪比	频率
带宽	1	4	6	1/3	8
相干带宽	1/4	1	5	1/5	6

续表

影响因子	带宽	相干带宽	相干时间	信干噪比	频率
相干时间	1/6	1/5	1	1/7	2
信干噪比	3	5	7	1	9
频率	1/8	1/6	1/2	1/9	1

在高密度的室内网络当中，节点移动速度缓慢，且室内存在大量的遮挡物。因此，信干噪比是影响传输质量的首要因素，所以权重所占比例最大。由于遮挡物的存在，多径效应影响严重，相干带宽也是重要的影响因子。室内节点移动速度缓慢，多普勒效应并不明显，因此对相干时间的要求不高。综合以上考虑，建立判决矩阵 B，并进行一致性检验。基于式(7-6)计算可得 CR= 0.08<0.10。判决矩阵 B 通过一致性检验，权重选取具有合理性。

最后，基于信道影响因子和判决矩阵进行信道质量排序。表 7.5 为信道排序结果。图 7.4(a)所示为在各个信道上不同程度的噪声。在文献[104]和文献[105]中，信道质量仅仅根据信干噪比进行判断，基于信干噪比单因素的信道排序如图 7.4(b)所示，基于 5 个信道影响因子的信道排序如图 7.4(c)所示。从图 7.4(a)可以观察到信道 2 和信道 7 的噪声强度超过-40dB，因此，图 7.4(b)和图 7.4(c)中的相对贴合度 rd_i 较低，然而信道 2 和信道 7 在图 7.4(c)中的 rd_i 相比图 7.4(b)更高一些，这是由于信道 2 和信道 7 的其余 4 个信道影响因子参数值良好，在一定程度上补偿了噪声的影响。另外，我们观察到信道 3 的噪声强度较低，但是在图 7.4(c)中的 rd_i 仍然较低，是因为信道 3 中的带宽过小，难以满足节点传输需求。因此，在此节点的传输要求下，信干噪比是首先需要考虑的因素，但是其余 4 个影响因子仍然会不同程度地影响到信道的排序。

表 7.5　基于 5 个信道影响因子的信道排序

信道	rd_i	排序
信道 5	0.8770	1
信道 1	0.8222	2
信道 4	0.6645	3
信道 2	0.5738	4
信道 7	0.5516	5
信道 6	0.5225	6
信道 3	0.4015	7
信道 8	0.2484	8

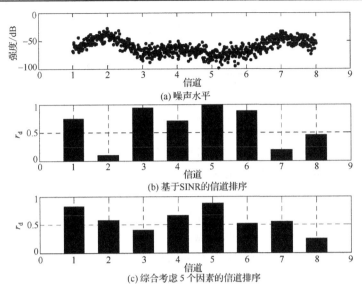

图 7.4　基于不同因素的信道质量排序

7.4　基于强化学习的分布式信道分配算法

基于 7.3 节所提出的信道质量排序算法，节点在下一步需要自主选择信道进行接入，因此本节提出分布式信道分配算法，目的在于实现：①干扰范围内的节点选择不同的信道进行无干扰的数据传输，同时选择的信道能够保证节点的传输需求；②信道分配算法能够灵活地调整分配方案，以应对节点的加入、离开和恶意节点的攻击，并最大化信道利用率。

7.4.1　分布式信道分配算法基本策略

分布式信道分配的核心在于，节点之间不进行信息交互和协商，不依赖于中心节点对其进行指导接入，每一个节点自主决策竞争接入，并且确保最终传输的信道与干扰范围内的其他节点传输的信道之间互不干扰。

强化学习为分布式信道分配提供了很好的解决思路。强化学习是智能体进行试探评价的过程，其基本思想在于智能体通过与环境之间的信息交互进行学习，如图 7.5 所示。当智能体选择一个行动作用于环境时，环境感受到该行动后，会做出评价并产生一个奖惩信号反馈给智能体。智能体根据反馈信号以及历史积累经验选择下一个动作。由于智能体从环境中获取的信息有限，智能体需要依靠每一次的试探行为进行学习，根据每一次动作行为的反馈评价改变下一步的动作以适应环境。当多个智能体同时进行强化学习时，它们之间需要通过每一次行动的反馈，共同完成强化学习的总目标。

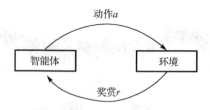

图 7.5　强化学习原理图示

首先，我们定义两种基本的信道分配策略。

"仅探索（exploration-only）"法：每个节点随机选择信道进行接入。

"仅利用（exploitation-only）"法：每个节点接入当前评分最高的信道。

在"仅利用"法中，每个节点选择接入信道条件最好的信道，目的在于最大化当前选择的奖励值。但是对于相邻节点而言，节点可能对同一信道的评价相类似，这说明相邻节点有很高的可能性选择相同的信道接入，并造成干扰。在"仅探索"法中，分布式节点为了避免干扰，随机选择不同的信道进行接入，但是不能保证节点能够接入到信道条件好的信道。

显然，这两种方法都难以保证优化的分配结果。因此，必须在探索与利用之间进行折中选择。节点不仅要尝试接入到未探索过的信道，而且需要利用历史接入信道的经验，以避免在信道选择中与其他干扰节点产生冲突。在本节的算法设计中，利用概率来对两种方法达成较好的折中：在每个时隙进行信道接入时，以 ε 的概率进行探索（随机选择信道）；以 $1-\varepsilon$ 的概率利用反馈信号以及历史积累经验进行动作选择。ε 的设计直接影响到强化学习的学习时间。当接入动作的不确定性较大时，较大的 ε 能够保证节点探索到更多的信道；当接入动作的不确定性较小时，较少的探索就能很好地得到高的奖励值，因此，此时的 ε 可以设置得较小。合理的 ε 设计能够保证节点在较短的学习时间内适应环境。

7.4.2　基于强化学习的信道分配算法

分布式信道分配问题可建模为多个智能体进行强化学习结果的输出。首先，建立强化学习解决信道选择问题的数学描述。

1. 状态 w

在 t 时刻节点 k 占用信道 m 时，我们定义此状态为 $w_{mk}(t)=1$，反之，$w_{mk}(t)=0$。节点可以同时占用多个信道进行传输，因此状态 $w_{mk}(t)$ 的限制为

$$0 \leqslant \sum_{m=1}^{M} w_{mk}(t) \leqslant M, \quad \forall k,t \tag{7-13}$$

如果在干扰范围内的多个节点同时占用相同的信道，冲突就会产生。因此，信

道分配的最终期望达到的状态是：干扰范围内的多个节点互不干扰地占用不同的信道进行数据传输。因此，建模表示为

$$\{w_{1k}(t),\cdots,w_{Mk}(t)\} \bigcap \{w_{1n}(t),\cdots,w_{Mn}(t)\} = \varnothing, \quad \forall k,n,t \tag{7-14}$$

因此，我们可以得到在信道分配结束时，此次信道分配的信道利用率为

$$E(t) = \frac{\sum_{k=1}^{K}\sum_{m=1}^{M} w_{mk}(t)}{M} \tag{7-15}$$

2. 动作 a

动作 $a_k = 0$ 定义为：节点 k 随机选择信道进行接入。$a_k = 1$ 定义为：节点 k 选择当前拥有最大状态-行为值的信道进行接入。当节点接入到信道之后，将发送 Hello 数据包，目的在于向干扰范围内的其他节点宣布占用此信道。

3. 反馈 r

反馈值的设计是保证节点能够选择接入到质量最佳的信道进行传输的核心所在。当节点 k 在 t 时刻执行动作 a_k 后，就会使得环境产生反馈值，反馈值设计考量的因素如下。

1）反馈值的设计与接入时的冲突有关

当只有一个节点选择接入信道 m 时，我们定义此接入状态为 $c_m = 1$。当干扰范围内的多个节点选择接入信道 m 时，此时节点会收到其他节点发送的 Hello 数据包，或者检测到其他节点正在进行数据传输。我们定义此接入状态为 $c_m = -1$。当 $c_m = 1$ 时，说明节点占用一个空信道，并且不干扰其他节点的传输，因此环境应该反馈一个正的反馈值；同理，当 $c_m = -1$ 时，环境应该反馈一个负的反馈值。

2）反馈值的设计与接入信道的信道质量

节点选择接入信道的信道质量越高，反馈值应该设计得越大，使得节点重复该动作的趋势得到加强。相反，节点选择接入信道的质量越差，反馈值应该设计得越小。基于 7.3 节的信道质量排序算法，将可用信道依据 5 个信道影响因子进行排序。排序完成的信道列表可以表示为

$$L_k = (s'_{1k}, s'_{2k}, \cdots, s'_{mk}) \tag{7-16}$$

其中，s'_{mk} 为排序后的信道 m，且信道 m 在信道排序中排在第 l_{mk} 位。例如，根据表 7.5 的排序结果可得 $L_k = (5,1,4,2,7,6,3,8)$，信道 5 排在第一位，因此 $l_{5k} = 1$。当信道 m 的信道质量极差且无法满足传输要求时（如 $\mathrm{rd}_i \leqslant 0.01$），信道 m 应被视为不可用信道，此时应该反馈一个负的反馈值。因此，反馈值 r_{mk} 的计算方法如下

$$r_{mk} = \begin{cases} c_m \cdot \dfrac{\text{Total\_reward}}{M} \cdot (M - l_{mk} + 1), & c_m = 1 \\ c_m \cdot \dfrac{\text{Total\_reward}}{M} \cdot l_{mk}, & c_m = -1 \end{cases} \tag{7-17}$$

其中，Total_reward 代表最大的反馈值。当只有一个节点选择接入信道 m，并且信道 m 的质量最佳，即在信道排序中排在第 1 位时，反馈值可以达到最大值。

4. 状态-行为值函数 Q

状态-行为值函数 Q 反映的是历史经验选择的累积影响。强化学习中的状态-行为值函数 Q 是迭代进行运算的

$$Q_{mk}(t+1) = \alpha \cdot Q_{mk}(t) + r_{mk}, \quad \forall m,k,t \tag{7-18}$$

其中，$Q_{mk}(t)$ 是 t 时刻的状态-行为值函数；α 是学习因子。当 $Q_{mk}(t)$ 值达到判决门限 T_1 时，学习过程结束。基于强化学习的信道分配算法中的经验学习和信道选择是两个相辅相成的过程。经验学习是经验积累和计算状态-行为值函数 Q 的过程；信道选择是根据状态-行为值函数 Q 决定下一时刻信道接入行为的过程。

此外，分布式信道分配算法不仅需要保证所选择的信道能确保节点的传输需求，算法还需要具有一定的灵活性，以应对信道环境的变化、节点的移动和恶意节点的攻击，并且提高信道利用率。信道的可用性主要受到以下三方面的影响：①节点的移动性，包括新节点的加入、节点离开网络，以及恶意节点的攻击；②信道的时变性，包括节点的相对位移形成多普勒频移，造成信道在时间上的变化等；③节点对信道质量要求的变化。因此，节点选择进行传输的信道数量也是在不断变化的。考虑到以上三方面因素，采用以下策略来应对网络的动态变化。

5. 放弃信道的竞争

当节点在同一个信道上连续收到负的反馈值，并且超过设定的门限值 T_2 时，节点将放弃信道 m 的竞争。这主要是由以下四方面的原因引起的。

(1) 当干扰范围内的节点数目大于可用信道数目时，其中的一些节点将竞争不到信道进行传输，因此它们需要放弃竞争信道，并且等待至下一次竞争。

(2) 当节点占据多个信道进行传输时，若此时新节点加入，当原节点在某一个信道上连续收到负的反馈值，并且超过设定的门限值 T_3 时，原节点将放弃使用此条信道。门限值 T_3 的设定小于门限值 T_2 的设定，是因为让原节点先于新节点放弃竞争此条信道，以保证新节点的加入。

(3) 信道 m 的信道质量极差且无法满足传输要求。

(4) 恶意节点在信道 m 上发起攻击。恶意节点有目的地占用某条信道并且发起以下两种方式的攻击：一是恶意节点长时间占用此信道，即使它收到其他节点发送的 Hello 数据包，或者检测到其他节点正在进行数据传输；二是恶意节点以极短的

时间间隔发送数据包,目的在于通过设计小的竞争退避窗口(contention window,CW)获得不公平的高优先级占用此信道。

6. 请求增加数据传输的信道个数

当节点在连续感知到空信道,并且超过设定的门限值T_4时,节点将请求增加数据传输的信道个数,以此来提升信道利用率。

7. 经验修正

由于信道质量的剧烈变化,历史经验将需要进行修正,否则会误导下一步的信道选择。因此,定义信道质量变化的剧烈程度为$|s_{mk}(t+N_t)-s_{mk}(t)|$,当其大于门限值$T_5$时,节点需要对状态-行为值函数$Q$进行修正,如将状态-行为值函数$Q$置零,以此来适应新环境下的分配策略。为了便于理解,表7.6总结了本节中设定的门限值及其具体含义。

表7.6　门限值参数释义总结

门限值	释义
T_1	状态-行为值函数Q的门限值,决定强化学习的过程是否结束
T_2	节点在某信道上连续收到负反馈值的最大次数,节点放弃竞争该信道
T_3	占用多条信道的节点在信道上连续收到负反馈值的最大次数,节点放弃竞争该信道
T_4	节点持续感知到空信道的最大次数,节点请求增加数据传输的信道个数
T_5	修正状态-行为值函数Q的门限值。当$|s_{mk}(t+N_t)-s_{mk}(t)|>T_5$时,$Q$置零

算法7.2详细描述了节点进行信道选择的过程。首先,节点k需要判断状态-行为值函数Q_{mk}是否达到门限值T_1,若$Q_{mk}<T_1$,则节点开始经验学习和信道选择的过程。在每个时隙进行信道接入时,节点以ε的概率随机选择信道。概率ε随时间变化而变化,建模为$\varepsilon=t^{-\alpha}$。在强化学习初期,大的ε值能够保证节点探索到更多未知的信道,探索到更多的接入方式。ε随着时间的推移递减,小的ε值使得节点更加倾向于利用学习到的经验,少的探索能更快地保证Q_{mk}收敛至门限值。在图7.6中,我们设计了ε在不同α值下的影响,本算法选定$\alpha=0.5$,因为此设定更能满足收敛时间的要求。

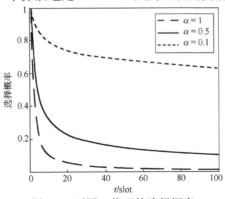

图7.6　不同α值下的选择概率

当节点选择信道接入后，若信道空闲，则发送 Hello 数据包占用信道，并且根据信道接入情况来计算 r_{mk} 和 Q_{mk}。若 $Q_{mk} \geq T_1$ 且收敛至稳定状态，则学习过程结束，节点在信道上进行数据传输。Q_{mk} 随着网络环境的变化实时更新，当 $Q_{mk} < T_1$ 时，学习过程再次开启，节点将重新选择信道。

算法 7.2　分布式信道分配算法

1　初始化：
2　网络中设定 K 个节点，M 个可用信道；
3　初始化 Q_{mk} 和选择概率 ε

//信道选择
4　　While $Q_{mk} < T_1$ do
5　　　　if rand()<ε then
6　　　　　　随机选择信道；
7　　　　else
8　　　　　　选择最大 Q_{mk} 值所在的信道；
9　　　　end if
10　　　if 信道空闲 then
11　　　　　发送 Hello 数据包占用信道 m；
12　　　　end if
13　　　　根据式(7-17)和式(7-18)计算 r_{mk} 和 Q_{mk}；
14　　end while
//数据传输
15　　While $Q_{mk} \geq T_1$ do
16　　　　在信道 m 上传输数据；
17　　　　发送 Hello 数据包占用信道 m；
18　　　　根据式(7-17)和式(7-18)计算 r_{mk} 和 Q_{mk}；
19　　end while

7.5　基于信道质量排序的分布式信道分配算法性能仿真

7.5.1　协议仿真模型及参数设置

本节对分布式信道分配算法进行仿真。当节点处于相互干扰的范围内时，若采用相同的信道进行传输，碰撞就会产生。我们定义干扰节点密度为 $\rho_f = N$，N 为网络中干扰范围内节点数目的最大值。ρ_f 越大，代表节点分布越密集，节点对信道的竞争加剧。本节的仿真基于分布式网络中干扰节点密度最大的部分网络场景展开分析，以此来验证在高密度网络中的性能。在一个 200m×200m 的区域内随机分布 5

个节点，每个节点的最大干扰距离为300m，每个节点的可用信道数目 $M = 4$，因此，此时的干扰节点密度为 $N = 5$。强化学习过程中相关参数设计如表 7.7 所示。当 $Q_{mk} \geqslant 9$ 且收敛至稳定状态时，强化学习过程结束，节点在信道上进行数据传输。关于 5 个门限值的设定可以根据不同的网络场景而变化，但其改变不影响协议的效能。

表 7.7　协议仿真参数设置

参数	值	说明
T_1	9	Q_{mk} 的门限值
T_2	10 次	放弃信道竞争的门限值（占用单个信道）
T_3	5 次	放弃信道竞争的门限值（占用多个信道）
T_4	10slot	增加信道个数的门限值
T_5	32	修正状态-行为值函数 Q 的门限值
α	0.6	学习因子
Total_reward	10	最大反馈值

由于在 7.3 节中，我们已经验证了信道排序算法的性能，所以在该仿真中，我们基于信道排序的结果展开对分布式信道分配算法性能的研究。

7.5.2　仿真结果与分析

我们对算法在分配信道的信道质量、节点移动性、信道利用率、恶意节点攻击四方面的性能展开分析。

1. 分配信道的信道质量

考虑到网络中的信道时变性以及节点对信道质量的实时要求，导致信道质量排序的动态变化，如图 7.7(a) 所示，在每一次信道质量测量之后，节点的 rd_i 值会动态变化，rd_i 值越大，代表信道 i 质量越好，在信道排序中越靠前。图 7.7(b) 给出了每一次信道排序之后信道分配的结果。在算法设计中，反馈值的设计与分配信道的信道质量紧密相关，因此在图 7.7(b) 中，我们可以观察到算法能根据信道质量和传输需求的变化动态地选择信道，同时保证节点能够被分配到信道质量好的信道。例如，在第一次信道排序之后，信道 1 在节点 1 和节点 3 的信道排序中均排在第一位，但是如果均选择信道 1 进行传输，碰撞产生并且浪费网络中的信道资源。但是在我们的算法中，节点 1 最终选择在信道排序中排在第二的信道 4 进行数据传输，从而避免了和节点 3 产生冲突。当信道排序变化剧烈时，如信道 1 在节点 3 进行第一、二次排序时，排序的顺序由排在第一位降至第四位，即 $|s_{13}(70_t) - s_{13}(0)| > T_5$，$Q_{13}$ 置零，否则将误导下一步的信道选择。

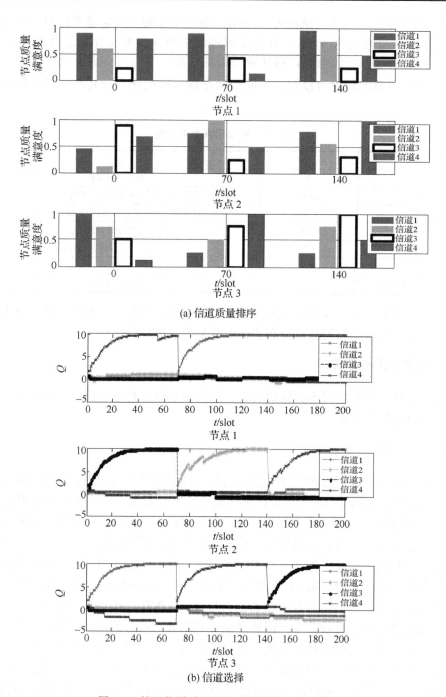

(a) 信道质量排序

(b) 信道选择

图 7.7　基于信道质量排序的信道分配（见彩图）

2. 节点移动性

1）新节点加入网络

在动态网络环境中，节点的位置实时移动，网络中的节点数目动态变化。在图 7.8 中，节点 1、节点 2 和节点 5 加入网络，和原节点 3、节点 4 共同竞争信道。此时干扰范围内的节点数目为 5，大于可用信道数目，因此，节点 5 竞争信道失败并且放弃竞争信道，等待下一次的竞争。同时从图 7.8 可以看出，新节点的加入不影响原节点对原信道的使用，是因为原节点比新节点拥有更高的 Q_{mk}，所以更不易改变当前使用的信道。

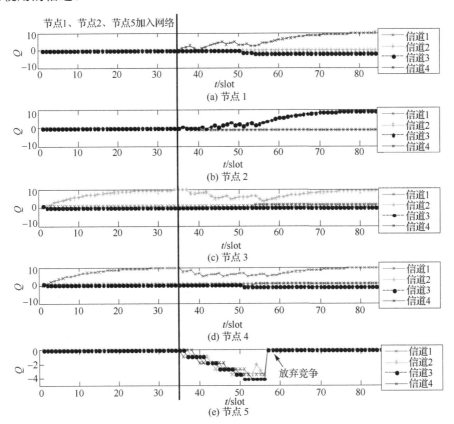

图 7.8　新节点加入网络（见彩图）

2）节点离开网络

从图 7.9 可以看出节点的离开对网络的影响。当节点 3 和节点 4 离开网络时，节点 1 和节点 2 持续 5 个时隙感知到空闲信道 2 和空闲信道 3，因此，节点 1 和节点 2 提出增加信道个数的请求。最终，节点 1 和节点 2 将互不干扰地分别占据两个信道进行数据传输，从而提高信道利用率。

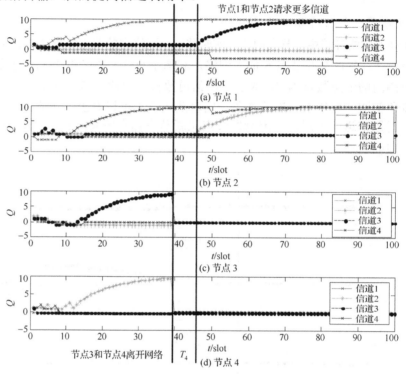

图 7.9　节点离开网络 (见彩图)

3. 信道利用率

图 7.10 给出了节点在不同阶段的信道利用率。图 7.10 (a) 和图 7.10 (b) 的可用信道数目分别为 $M=4$ 和 $M=8$。首先分析在网络初始建立过程中的信道利用率。在图 7.10 (a) 和图 7.10 (b) 中，网络初始的干扰节点数目均为 2 个。节点持续感知到空闲信道，并请求增加信道个数，直至网络中所有的信道均被占用。当网络中的信道环境变化时，节点需要自适应调整信道，保证选择的信道满足传输要求，因此在第二阶段中，信道利用率波动是因为节点在重新选择信道，如图中蓝色线段所示。在第三阶段中，图 7.10 (a) 中 2 个新节点加入网络，图 7.10 (b) 中 4 个新节点加入网络，新节点的加入造成对原节点的干扰。因此原节点减少使用信道的个数以让新节点加入。最后，当图 7.10 (a) 中 2 个节点离开网络，图 7.10 (b) 中 3 个节点离开网络时，网络中现有的节点将自适应地增加使用信道的个数，如图中绿色线段所示。综上所述，基于带宽自适应技术的分布式信道分配算法能够根据环境的动态变化自适应地调整信道，从而保证高的信道利用率。

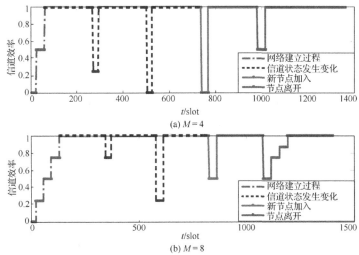

(a) $M = 4$

(b) $M = 8$

图 7.10　不同阶段下的信道利用率 (见彩图)

4. 恶意节点攻击

当恶意节点进行攻击时，将以非法的优先级占用信道，导致合法节点无法正常使用此信道。如图 7.11 所示，当恶意节点 1 攻击信道 1 时，此时节点 4 正在信道 1 上进行数据传输。但是节点 4 能够快速调整并选择新的信道以避免攻击。因此，算法能够很好地保证节点的自适应能力和抗攻击性能。

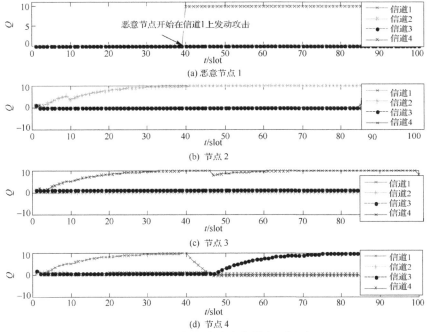

(a) 恶意节点 1

(b) 节点 2

(c) 节点 3

(d) 节点 4

图 7.11　恶意节点攻击信道 (见彩图)

7.6　小　　结

本章针对高密度物联网中的分布式多信道分配问题展开研究，提出了基于信道质量排序的分布式信道分配协议。该协议最大的优势在于，综合考虑了信道时变性以及节点对信道质量的实时要求，自适应调整信道，提升频谱利用率。

信道选择排序算法将带宽、信干噪比、相干带宽、相干时间、频点作为影响信道质量的关键因素，对信道的质量进行评价，并从高到低进行排序。分布式信道分配算法的核心在于网络中的各个节点根据维护的信道列表周期性地占用不同的信道。如果在干扰范围内的多个节点同时在同一个信道上传输，冲突就会产生。节点将自主决策重新进行信道选择，并最终互不干扰地占用不同的信道进行数据传输。基于信道质量排序的分布式信道分配协议实现：①保证分配的信道满足需求；②信道分配算法能够灵活地调整分配方案，以应对节点的加入、离开和恶意节点的攻击，并最大化信道利用率。

在多信道网络中，为了进行端到端通信，我们需要让一对收发节点汇聚到一个合适的信道上，而不是将不同的信道分配给不同的单个节点。

第 8 章　针对 D2D 通信的多信道分配与汇聚算法

8.1　引　　言

现有的信道分配方案主要围绕单个节点进行信道分配，目标在于实现网络节点向中心站互不干扰地传输数据，并尽可能地优化资源分配。目前网络中很多情况下都存在端到端(device to device，D2D)或者机器到机器(machine to machine，M2M)的通信需求，即节点间进行点到点的通信，在此情况下需要完成针对传输节点对的信道分配方法。

为了实现分布式节点对的通信，文献[41]和文献[99]中提出了采用公共控制信道进行协商并建立通信链路。但是公共控制信道并不是对网络中的每一个节点都是可用的，而且存在以下三个问题：①全网需要严格的时间同步，以确保节点在不同的时隙进行协商；②公共控制信道成为网络吞吐量的主要限制因素，大量的节点均需要在公共控制信道上完成协商，严重影响协议效能；③公共控制信道容易受到攻击，一旦公共控制信道被攻击，全网将会瘫痪。盲汇聚算法的提出有效解决了上述问题，同时为节点在共有的信道频谱上建立通信链路提供了保证。盲汇聚算法是指通信双方互不知道对方所在的信道以及信道跳变序列，仅仅依靠自身的信道跳变顺序跳变至同一信道上进行汇聚的算法。大部分盲汇聚算法主要围绕通信双方如何快速建立通信链路，即汇聚时间展开分析。但是若干扰范围内的两对传输节点对汇聚到相同的链路上进行传输，碰撞就会产生。若能将信道分配的优势(冲突避免、资源优化、公平性等)和盲汇聚的优势(动态建立链路)相结合，那么通信范围内的任意一对节点能够汇聚到任意一条可用信道上，并且互不干扰地占用不同的信道进行数据传输。因此，我们定义以下新的信道接入问题作为本章要着力解决的问题。

新问题：针对高密度无线网络中的传输节点对的分配并满足以下需求。

(1)将信道分配至每一个传输节点对，并且保证干扰范围内的节点对能够互不干扰地并行传输。

(2)分布式地进行节点对的信道分配，不依赖于中心节点控制，公共控制信道协商和全网同步等额外开销。

(3)快速完成节点对的信道分配，并且自适应于节点的入网请求和恶意节点攻击等。

新的解决方案：我们提出了一种结合信道分配的盲汇聚算法，首先我们提出了一种基于接收节点的分布式信道算法，然后采用盲汇聚算法使得发送节点与接收节点汇聚在分配的信道上。本章的主要贡献如下。

(1)保证节点能够快速完成信道分配，新节点的加入不影响原节点的信道使用情况。

(2)理论分析信道分配模型，并且基于马尔可夫模型来分析协议的吞吐量，在网络仿真中验证算法的有效性。

8.2 系统模型和问题描述

在本章中，我们假设以下网络模型：在一个无线高密度网络区域中有 N 个节点分布在不同位置，其中每个节点既可以作为接收节点也可以作为发送节点，并配备半双工无线通信设备，即不能同时进行收发操作。网络中的频谱被划分为 M 个互不重叠的正交信道。每个节点在每一个信道上均能进行数据传输，但是每次只能选择单个信道进行接入。

定义1(干扰节点对) 干扰范围内的传输节点对使用相同的信道进行传输，此时，两对传输节点称为干扰节点对。图8.1展示了两种干扰节点对的干扰示意图。图8.1(a)展示了典型的干扰情况，四个节点均处于其余节点的干扰范围内；图8.1(b)展示了隐藏节点的干扰问题。节点 C 虽然不在节点 A 的干扰范围内，但是当节点 C、D 通信时采用了与节点 A、B 间通信相同的信道时，相互间的干扰产生。

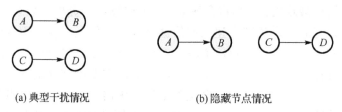

(a)典型干扰情况　　　　　　　　(b)隐藏节点情况

图 8.1　干扰节点对

定义2(冲突避免的盲汇聚) 收发双方在互不知道对方所处的信道和信道跳变顺序时，不通过公共控制信道进行数据交互，而是仅仅依靠自身的信道跳变顺序进行信道跳变，以寻找对方节点所在的信道，直至在同一信道上相遇。并且，此时汇聚的信道与干扰范围内的其他节点对不造成干扰。

本章的盲汇聚算法需要实现以下目标。

(1)收发节点能够在任意一条可用信道上完成汇聚，以提高网络抗干扰的性能。

(2)实现分布式的、快速的、冲突避免的盲汇聚。

8.3 结合信道分配的盲汇聚算法设计

8.3.1 基于接收节点的信道分配算法

在本章的算法设计中，信道分配算法将信道分配至接收节点。信道分配算法的设计采用启发式分配算法，并进行了简化。假设 M 个信道的带宽相同，均为平坦慢衰落信道，即信道质量差异较小，因此，为简化计算，可省略信道质量排序的步骤，每个节点的可用信道列表（ACS）可随机排布。节点周期性地根据 ACS 跳至各个信道。当节点没有收到其他节点发送的 Hello 数据包，或者检测到其他节点正在进行数据传输时，将发送 Hello 数据包，目的在于向干扰范围内的其他节点宣布占用此信道。否则，将以信道跳变概率 p 重新选择一个信道进行接入。由于信道质量的差异性较小并且节点电量充足，信道跳变概率 p 的设计可以简化建模为

$$p = 0.5^{(\alpha \cdot t + 1)} \tag{8-1}$$

此时，p 只受到信道驻留时间的影响，避免新节点的加入影响原节点的信道接入情况。此外，为避免恶意节点的攻击行为，我们设置门限值 T_1，使得其能够自适应地跳变信道。当恶意节点攻击某个信道时，节点在某一信道上持续不断地收到 Hello 数据包，当持续的时间超过门限值 T_1 时，p 将被重置，使得节点能够跳变至新的信道上以避免恶意节点的攻击。在图 8.2 中，我们建立了在不同惯性影响因子 α 下的 $g(t)$ 数学模型，当 $\alpha = 0.1$ 时更加满足 p 对 t 的要求。

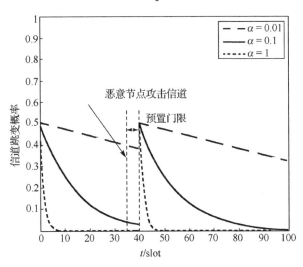

图 8.2 信道跳变概率 p 的数学模型

综上所述，启发式的信道分配算法如算法 8.1 所示。算法包含两个阶段：①本地信息广播，在当前信道上广播 Hello 数据包，并计算信道驻留时间 t；②信道跳变，节点收到其他节点发送的 Hello 数据包，或者检测到其他节点正在进行数据传输时，基于信道跳变概率 p 选择停留在当前信道或者跳变至下一个信道进行接入。当干扰时间达到门限值时，信道跳变概率 p 重置。

算法 8.1　启发式信道分配算法

1　初始化：
2　根据可用信道随机排列 ACS, Channel(i), $i = 1, 2, \cdots, F$, F 为总的可用信道数目, 且 $F \leqslant M$；
3　初始化 $t = 0, i = 1$；$T_1 = 5, c = 0, t_{rec} = 0$
4　信道分配：
//本地信息广播
5　　While(广播时间) do
6　　　　在 ID 为 i 的信道广播 Hello 数据包；
7　　　　$t = t + 1$；
8　　end while
//信道跳变
9　　While(收到 Hello 数据包或检测信道忙碌) do
10　　　　if $t - t_{rec} < 2$
11　　　　　$c = c + 1$；　　　　//计算收到 Hello 数据包的时间
12　　　　else
13　　　　　$c = 0$；
14　　　　end if
15　　　　if $c > T_1$；
16　　　　　$p = 0.5$；　　　　//检测到恶意节点，p 重置
17　　　　　$t = 0$；　　　　　//信道跳变后，驻留时间清零
18　　　　end if
19　　　　计算信道跳变概率 p；
20　　　　if rand(1) $\leqslant p$；
21　　　　　Set $i = (i + 1) \bmod (F)$；
22　　　　　$t = 0$；　　　　//信道跳变后，驻留时间清零
23　　　　end if
24　　$t_{rec} = t$；　　　　//记录最新接收到 Hello 数据包的时间
25　　end while

8.3.2　基于接收节点等待发送节点跳变的盲汇聚算法设计

当信道分配至接收节点后，接收节点在信道上广播 Hello 数据包，并等待发送节点进行盲汇聚。信道盲汇聚算法的过程如图 8.3 所示。接收节点分配至信道 3 上，发送节点按照 ACS 进行信道 4、2、1、3 的顺序跳变，并最终和接收节点在信道 3 上完成汇聚。在盲汇聚算法中，发送节点不需要进行信息交互来获取接收节点信道分配的信息，也不需要网络中存在公共控制信道和中心节点的控制。

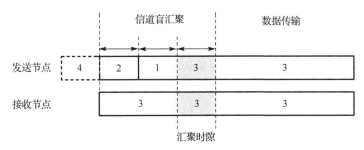

图 8.3　基于接收节点等待发送节点跳变的盲汇聚通信过程

定理 1（盲汇聚的汇聚时间）　　假设可用信道数目为 M，信道跳变时间间隔为 T，则基于接收节点等待发送节点跳变的盲汇聚的最大汇聚时间为 $(M-1)T$，平均汇聚时间为 $\dfrac{(M-1)T}{2}$。

证明　　因为接收节点位于发送节点的传输范围之内，接收节点和发送节点不会被分配至相同的信道上。在最坏的情况下，发送节点会跳变 $M-1$ 个信道才能和接收节点进行汇聚，如图 8.4 所示。在最好的情况下，发送节点只需跳变 1 个信道就能和接收节点进行汇聚。同时在信道分配中，每个节点分配至各个信道的概率相等。因此，平均汇聚时间为 $\dfrac{(M-1)T}{2}$。

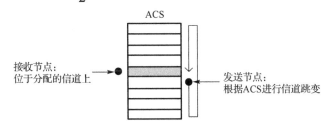

图 8.4　基于 ACS 跳变的盲汇聚算法

每个节点可采用算法 8.2 的流程来进行盲汇聚。当发送节点在信道上收到接收节点发送的 Hello 数据包时，将会发送 RTS 数据包来请求汇聚，接收节点收到后将回复 CTS 数据包以确认汇聚。

	算法 8.2　盲汇聚算法
1	初始化:
2	根据可用信道随机排列 ACS,Channel(i),$i = 1, 2, \cdots, F$, F 为总的可用信道数目,且 $F \leqslant M$
3	初始化 rendezvous = 0
4	信道汇聚:
5	While(rendezvous == 0) do
6	$i = (i + 1) \bmod F$;
7	信道跳变至 Channel(i),并进行侦听;
8	if 收到接收节点的 Hello 数据包
9	采用 RTS-CTS 确认汇聚;
10	if 汇聚确认完成
11	rendezvous = 1;
12	end if
13	end if
14	end while

8.3.3　结合信道分配的盲汇聚算法

网络中的节点只有发送节点和接收节点两种,如图 8.5 所示。当节点作为接收节点时,在分配的信道上广播 Hello 数据包等待接收信号。当节点有数据要发送时,需要根据 ACS 跳变信道与接收节点进行盲汇聚。当节点的数据发送完毕时,它需要作为接收节点,再次跳变至分配的信道上等待汇聚。

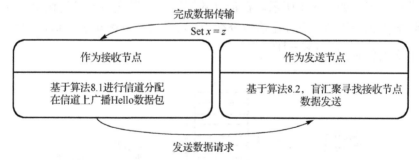

图 8.5　网络中节点的角色转换

其中,发送节点的数据发送过程如图 8.6 所示。值得注意的是,为了缩短汇聚时间,每一个节点都会维护一个邻居节点所用信道列表。当发送节点和接收节点进行第一次汇聚之后,它会记录下此接收节点采用的信道,当下一次和此节点通信时,将直接跳至前一次成功汇聚过的信道进行汇聚。若接收节点更换信道,则需要重新进行盲汇聚。在数据发送前采用握手协议(RTS-CTS)而不是当收到 Hello 数据包后直接发送数据基于以下三个原因。

(1)接收节点接收到握手信息之后将不进行信道跳变,因为此时接收节点也可能需要发送数据进行信道跳变,以找到其接收节点所在的信道。当接收节点和发送节点先汇聚时,接收节点应该停止信道跳变,先与发送节点进行数据传输。

(2)当接收节点收到发送节点发送的 RTS 握手请求后就停止发送 Hello 数据包,以避免和 DATA 数据包碰撞。

(3)若同时有多个发送节点请求与接收节点进行汇聚,发送的 RTS 数据包会产生碰撞,因此接收节点将不能回复 CTS 数据包以确认汇聚。这说明当且仅当一对节点在信道上进行数据传输时,盲汇聚才能成功。

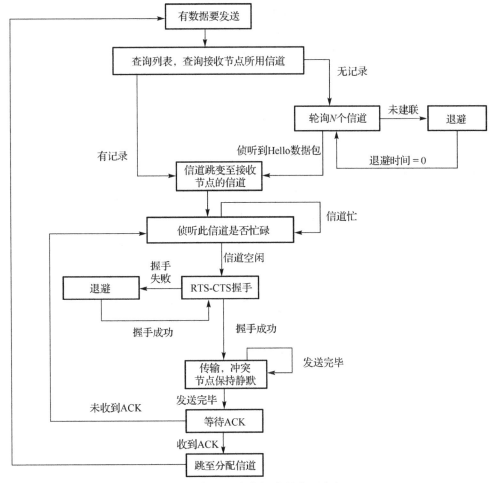

图 8.6　发送节点数据发送实现流程

8.4　结合信道分配的盲汇聚算法的理论分析

本节将对基于分布式信道分配的时长进行概率统计分析，然后分析马尔可夫链模型对盲汇聚算法的饱和吞吐量等性能。

8.4.1　启发式信道分配性能分析

定理 2（信道分配的收敛时间）　假设可用信道数目 $M \geqslant r$，r 为干扰范围内的节点总数。算法 8.1 在 t 个时隙内收敛至冲突避免的信道分配状态（干扰范围内的节点分配至互不相同的信道）的概率为 Q_{N_t}，且当 $t \to \infty$ 时，$Q_{N_t} \to 1$。

证明　假设网络中的节点总数为 N。在第 t 个时隙，n_0 个节点已经完成信道分配，但仍有 $n_i (i = 1, 2, \cdots, m)$ 个节点分配至相同的信道 i 上，且相互处于干扰范围内，m 为冲突信道的个数。定义此时的网络状态为 $[(n_1, n_2, \cdots, n_i, \cdots, n_m), n_0]$，同时满足

$$\sum_{i=1}^{m} n_i + n_0 = N \tag{8-2}$$

冲突的节点以信道跳变概率 p 重新进行信道选择，因此网络状态将发生转移。当网络状态为 $[(0), N]$ 时，信道分配完成。在图 8.7 中，我们以四个干扰节点分配至相同信道上的状态为例，列举可能的状态转移变化图。其中，p_{ts} 为状态转移概率，决定信道分配的时间，在后续分析中主要围绕 p_{ts} 展开分析。

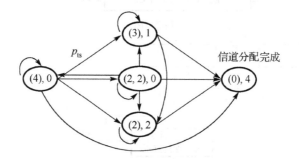

图 8.7　信道分配状态转移图

图 8.8 显示了所有可能的信道分配状态。在第 t 个时隙，假设 n_i 个冲突节点中的 $n_{i,t} \left(0 \leqslant n_{i,t} \leqslant n_i - \sum_{k=1}^{t-1} n_{i,k} \right)$ 个节点选择进行信道跳变，$n_i - \sum_{k=1}^{t} n_{i,k}$ 个节点选择留在原信

道 i 上。那么共有 $\sum\limits_{i=1}^{m_{t-1}} n_{i,t}=N_t$ 个节点选择跳变信道，其中 m_{t-1} 为第 $t-1$ 个时隙后冲突的信道总数。此时，N_t 个节点选择跳变信道的概率可以表示为

$$p_{tr}=\prod_{i=1}^{m_{t-1}} C_{n_i-\sum\limits_{k=1}^{t-1} n_{i,k}}^{n_{i,t}} \cdot \left[\prod_{j=1}^{n_{i,t}} p_j \cdot \prod_{j=1}^{n_i-\sum\limits_{k=1}^{t} n_{i,k}}(1-p_j)\right] \tag{8-3}$$

其中，p_j 为节点 j 的信道跳变概率；$C_n^m=\dfrac{n!}{m!(n-m)!}$。

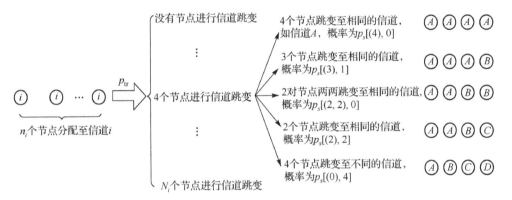

图 8.8　信道分配状态

在第 t 个时隙，$n_{0,t}$ $(0\leqslant n_{0,t}\leqslant N_t)$ 个节点经过信道跳变后完成信道分配，但是存在 $x_{k,t}$ $(0\leqslant x_{k,t}\leqslant N_t, x_{k,t}\neq 1)$ 个节点经过跳变信道后跳变至相同的信道 k，造成新的冲突。总的冲突信道数目设为 a_t，可以得到 $\sum\limits_{k=1}^{a_t} x_{k,t}+n_{0,t}=N_t$。图 8.8 中经过跳信道后每一个状态的概率为

$$p_s[(x_{1,t},x_{2,t},\cdots,x_{a_t,t}),n_{0,t}]=\left(\frac{A_{N_t}^{\sum\limits_{k=1}^{a_t} x_{k,t}}}{\prod\limits_{k=1}^{a_t} A_{x_{k,t}}^{x_{k,t}}} \cdot A_F^{n_{0,t}+a_t}\right)\bigg/(F^{N_t}\cdot l!) \tag{8-4}$$

其中，l 是 $x_{k,t}$ $(k=1,2,\cdots,m_t)$ 中相同元素的个数，例如，当 $a_t=3$ 且 $[x_{1,t},x_{2,t},x_{3,t}]=[2,2,3]$ 时，$l=2$；F 为当前可用信道数，且 $F\leqslant M$；A 表示排列组合运算符号，且 $A_n^m=n(n-1)\cdots(n-m+1)$。以图 8.8 中的分配状态 $p_s[(2,2),0]$ 说明式 (8-4) 的计算方式

$$p_s[(2,2),0] = \frac{\dfrac{A_4^4}{A_2^2 \cdot A_2^2} \cdot A_8^{0+2}}{8^4 \cdot 2!} = \frac{21}{512}$$

值得注意的是，当 $n_i - \sum\limits_{k=1}^{t} n_{i,k} = 1$ 时，说明只有一个节点驻留在信道 i 上，此节点

也完成了信道分配。因此，此状态可以转化为 $n_i - \sum\limits_{k=1}^{t} n_{i,k} = 0$，且 $n_{0,t} = n_{0,t}+1$。由于第

t 个时隙，$x_{k,t}$ 个节点经过跳变信道后跳变至相同的信道 k，在第 $t+1$ 个时隙，它们

将重复上述跳变信道的过程。因此，状态转移概率可以计算为

$$p_{\text{ts}} = p_{\text{tr}} \cdot p_s[(x_{1,t}, x_{2,t}, \cdots, x_{a_i,t}), n_{0,t}] \tag{8-5}$$

状态概率可以计算为

$$
\begin{aligned}
&p_s\left[\left(n_1 - \sum_{k=1}^{t} n_{1,k}, \cdots, n_i - \sum_{k=1}^{t} n_{i,k}, \cdots, n_l\right), n_0 + \sum_{k=1}^{t} n_{0,k}\right] \\
&= p_{\text{ts}} \cdot p_s\left[n_1 - \sum_{k=1}^{t-1} n_{1,k}, \cdots, n_i - \sum_{k=1}^{t-1} n_{i,k}, \cdots, n_l, n_0 + \sum_{k=1}^{t-1} n_{0,k}\right]
\end{aligned}
\tag{8-6}
$$

当 $n_0 + \sum\limits_{k=1}^{t} n_{0,k} = N$ 时，信道分配结束。

从图 8.8 的信道分配状态转移过程可以看出，当 $M \geq r$ 时，所有的状态都最终转移
至状态 $[(0), N]$。这说明随着时间的增加，信道分配完成的概率 Q_{N_t} 趋近于 1，即当 $t \to \infty$
时，$Q_{N_t} \to 1$。Q_{N_t} 可计算为

$$Q_{N_t}(t) = \sum p_s\left[(0), n_0 + \sum_{k=1}^{t} n_{0,k} = N\right] \tag{8-7}$$

图 8.9 给出了信道分配完成的概率 Q_{N_t} 随时间的变化趋势。此时的可用信道数目
为 8。在图 8.9(a) 中，考虑信道分配过程中碰撞最严重的状态，即初始碰撞节点全
部分配至同一信道上，且数目设置为 $n_i \in [2,6]$。初始状态表示为 $\{(x),n\}$，其中
$x = 2,3,4,5,6$，$n = N - x$。图 8.9(a) 说明当节点全部冲突在一个信道上时，将耗费最长
的时间来完成信道分配。在图 8.9(a) 中，我们假设以下初始场景：①6 个节点全部分配至
相同的信道，状态表示为 $(6, n_0)$，其中，n_0 为已经分配完成的节点数目；②2 个节点分配
至相同的信道，同时另外 4 个节点分配至相同的信道，状态表示为 $(2,4,n_0)$；③3 对节点
分配至相同的信道，状态表示为 $(2,2,2,n_0)$。虽然，在这三种情况下，冲突节点数目均为
6 个，但是收敛至信道分配完成状态的时间不同。一个信道上冲突的节点数越多，需

要越长的时间来完成分配。当冲突节点均匀分布在信道上时，收敛时间更快。图 8.9(a) 和图 8.9(b) 说明启发式信道分配算法的收敛时间快，当 $t > 5$ 时，信道分配完成的概率 Q_{N_t} 达到 98%以上。

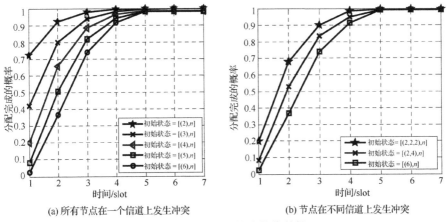

(a) 所有节点在一个信道上发生冲突　　　　　　(b) 节点在不同信道上发生冲突

图 8.9　信道分配算法的收敛性

8.4.2　盲汇聚算法吞吐量分析

本章以 Bianchi 提出的马尔可夫模型为基础，对多信道接入协议进行验证分析。盲汇聚算法的马尔可夫模型假设条件如下。

(1) 数据传输失败仅由碰撞引发，不考虑捕获效应。

(2) 节点总处于饱和状态，即每个节点总有数据要发送。

(3) 节点不能在发送数据的同时进行接收数据，即为半双工工作状态。

改进的马尔可夫模型如图 8.10 所示，图中的每一个状态表示为 $\{c(t), s(t)\}$，$c(t)$ 为节点当前传输所用的信道，$s(t)$ 为在 t 时刻的退避阶段。节点在每次数据发送前需要确认接收节点所在的信道，即会进入状态"SW"以切换信道，直至盲汇聚成功。由于接收节点在信道 1～信道 F 中随机选取，因此，信道切换概率为 $1/F$。p_i 为信道 i 上数据包的冲突概率，因此根据图 8.10 列出状态转移方程

$$\begin{cases} P(i,k \mid i,k) = p_i, & i \in [0,F], \quad k \in [2, W_i - 1] \\ P(i,k \mid i,k+1) = 1 - p_i, & i \in [0,F], \quad k \in [0, W_i - 2] \\ P(\text{SW} \mid i,0) = 1 - p_i, & i \in [0,F] \\ P(i,0 \mid \text{SW}) = \dfrac{1}{F} \cdot \dfrac{1}{W_i}, & i \in [0,F] \\ P(i,0 \mid i,k) = p \cdot \dfrac{1}{W_i}, & i \in [0,F], \quad k \in [0, W_i - 1] \end{cases} \tag{8-8}$$

其中，$P(i_1,k_1 \mid i_0,k_0)$ 采用了缩写的方式

$$P(i_1,k_1 \mid i_0,k_0) = P\{s(t+1) = i_1, b(t+1) = k_1 \mid s(t) = i_0, b(t) = k_0\} \tag{8-9}$$

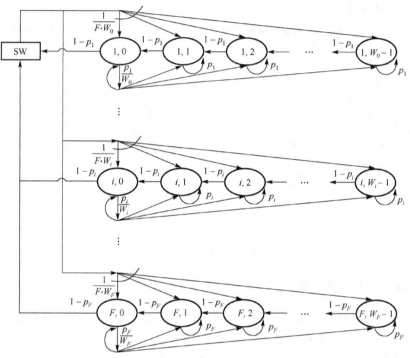

图 8.10　改进的马尔可夫模型

　　方程中的每一个等式含义解释如下：方程组的第一个等式说明，当侦听到另一组干扰节点对在退避阶段进行传输时，退避时间停止；方程组的第二个等式说明，当信道空闲时，退避计数器减一；方程组的第三个等式说明，当数据传输成功时，节点准备切换信道；方程组的第四个等式说明，信道切换之后，在信道上 i 从 $[0,W_{i-1}]$ 区间内随机选取退避时间间隔并开始退避；方程组的第五个等式说明，当数据传输失败时，从 $[0,W_{i-1}]$ 区间内随机选取退避时间间隔并开始退避。

　　定义 $b_{i,k} = \lim_{t \to \infty} P\{s(t) = i, b(t) = k\}, i \in [0,F], k \in [0,W_i - 1]$ 为马尔可夫链稳定分布时各状态的概率，b_{sw} 为稳定分布的"SW"状态的概率，下面进行 $b_{i,k}$ 的求解

$$\begin{cases} b_{i,w_0-1} = p_i \cdot b_{i,w_0-1} + b_{\text{sw}} \cdot \dfrac{1}{F} \cdot \dfrac{1}{w_0} + \dfrac{p_i}{w_0} \cdot b_{i,0} \\[3mm] b_{i,0} = b_{i,0} \cdot (1-p_i) + b_{\text{sw}} \cdot \dfrac{1}{F} \cdot \dfrac{1}{w_0} + \dfrac{p_i}{w_0} \\[3mm] b_{\text{sw}} = \displaystyle\sum_{i=0}^{F} (1-p_i)b_{i,0} \end{cases} \tag{8-10}$$

由此可以推导出 $b_{i,k}$ 的概率为

$$b_{i,k} = \frac{1}{1-p_i} \cdot \frac{w_0 - k}{w_0} \cdot \left(b_{\mathrm{sw}} \cdot \frac{1}{F} + p_i \cdot b_{i,0} \right), \quad k \in [0, W_i - 1] \tag{8-11}$$

由于马尔可夫链中所有的状态概率总和为 1，可得

$$1 = \sum_{i=0}^{F} \sum_{k=0}^{w_0 - 1} b_{i,k} = \sum_{i=0}^{F} \frac{1}{1-p_i} \cdot \left(\frac{1}{F} \cdot \frac{w_0 + 1}{2} \cdot \sum_{i=0}^{F} (1 - p_i) b_{i,0} + \frac{w_0 - 1}{2} \cdot p_i \cdot b_{i,0} \right)$$

$$= \frac{w_0 + 1}{2F} \cdot \sum_{i=0}^{F} (1 - p_i) b_{i,0} \cdot \sum_{i=0}^{F} \frac{1}{1-p_i} + \frac{w_0 - 1}{2} \cdot \sum_{i=0}^{F} \frac{p_i \cdot b_{i,0}}{1 - p_i} \tag{8-12}$$

假设网络中的节点在任意时隙发送数据的概率相互独立且相同，定义为 τ_i。节点在退避计数器递减至零时开始发送数据，因此，在信道 i 上的发送概率为

$$\tau_i = b_{i,0} \tag{8-13}$$

在信道 i 上的竞争节点总数为 n_i，条件碰撞概率 p_i 表示在 $n_i - 1$ 个节点中至少有一个节点在信道上发送数据并发生冲突的概率，则有

$$p_i = 1 - (1 - \tau_i)^{n_i - 1}, \quad i \in [0, F] \tag{8-14}$$

根据式(8-12)和式(8-14)，条件碰撞概率 p_i 和发送概率 τ_i 可以经过两个等式联立求解方程得到。接下来，我们针对饱和吞吐量进行分析求解。

$p_{\mathrm{tr}}(i)$ 表示信道 i 上至少有一个节点进行传输的概率；仅有一对节点在信道 i 上进行传输并且传输成功的概率表示为 $p_s(i)$；$p_c(i)$ 表示在信道 i 上传输失败的概率，则有

$$p_{\mathrm{tr}}(i) = 1 - (1 - \tau_i)^{n_i}, \quad i \in [0, F] \tag{8-15}$$

$$p_s(i) = n_i \cdot \tau_i \cdot (1 - \tau_i)^{n_i - 1}, \quad i \in [0, F] \tag{8-16}$$

$$p_c(i) = p_{\mathrm{tr}}(i) - p_s(i), \quad i \in [0, F] \tag{8-17}$$

因此，网络的总吞吐量可表示为

$$s = \sum_{i=1}^{F} s(i) = B \cdot \sum_{i=1}^{F} \frac{p_s(i) \cdot E[P]}{(1 - p_{\mathrm{tr}}(i))\sigma + p_s(i) \cdot T_s' + p_c(i) \cdot T_c'} \tag{8-18}$$

其中，$s(i)$ 为信道 i 上的吞吐量；B 为信道 i 上的信道传输速率；$E[P]$ 为平均数据传输时间；σ 为空闲时隙长度；T_s' 为成功传输时所需时间；T_c' 为传输失败时耗费时间。考虑到实际通信过程和信道切换所用的时间 t_{sw}，则有

$$\begin{cases} T_s' = \dfrac{1}{F} \cdot T_s + \dfrac{F-1}{F} \cdot (T_s + t_{sw}) \\ T_c' = (1 - p_{drop}) \cdot T_c + p_{drop} \cdot \dfrac{1}{F} \cdot T_c + p_{drop} \cdot \dfrac{F-1}{F} \cdot (T_c + t_{sw}) \end{cases} \tag{8-19}$$

其中，p_{drop} 为节点达到重传门限 n 后丢弃数据包的概率，则有

$$p_{drop} = \sum_{i=1}^{F} b_{i,0} \cdot p_i^n \tag{8-20}$$

T_s 和 T_c 分别为 802.11 DCF 协议中传输成功和传输失败所需时间

$$\begin{cases} T_s = \text{Hello} + \text{RTS} + \text{CTS} + H + E[P] + \text{ACK} + 3 \cdot \text{SIFS} + \text{DIFS} \\ T_c = \text{Hello} + \text{RTS} + \text{CTS} + H + E[P] + 2 \cdot \text{SIFS} + \text{DIFS} \end{cases} \tag{8-21}$$

8.5　结合信道分配的盲汇聚算法的性能仿真

8.5.1　协议仿真模型及参数设置

本节中我们对结合信道分配的盲汇聚算法进行仿真。每个节点的可用信道数目均为 16 个，节点的最大干扰距离为 600m。我们采用格型网络进行网络仿真。节点在网络中的分布情况如图 8.11 所示，若两个节点用虚线连接，则说明两个节点处于相互干扰的范围之内。网络初始的节点分布和信道分配如图 8.11(a)所示，每个节点上的数字代表分配的信道，干扰范围内的节点的数字各不相同，说明信道分配算法能够保证节点无冲突地接入信道。第 5 个时隙和第 20 个时隙在节点的干扰范围内分别加入 25 个节点，节点加入之后按照算法 8.1 进行信道跳变以完成信道分配，如图 8.11(b)和图 8.11(c)所示。传输过程中的协议仿真参数如表 8.1 所示。

表 8.1　协议仿真参数设置

参数	值	说明
B	2Mbit/s	信道速率
Slot Time	50μs	时隙长度
SIFS	28μs	SIFS 帧间隔时间
DIFS	128μs	DIFS 帧间隔时间
ACK Timeout	200μs	ACK 门限时间
CTS Timeout	200μs	CTS 门限时间
Average Arrival Time	110slot	数据平均到达时间

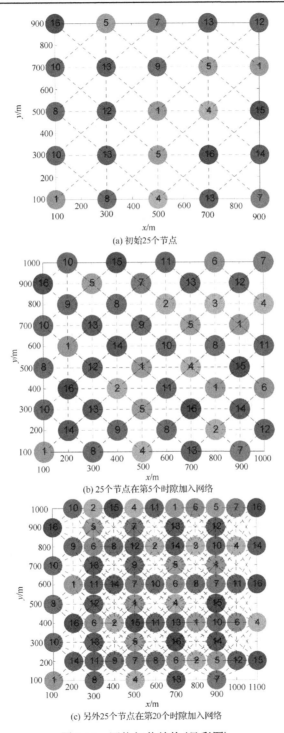

(a) 初始25个节点

(b) 25个节点在第5个时隙加入网络

(c) 另外25个节点在第20个时隙加入网络

图 8.11　网络拓扑结构（见彩图）

8.5.2　信道分配结果分析

　　首先,我们进行基于接收节点的信道分配算法的性能分析。从图 8.12 可以观察到,在第 5 个和第 20 个时隙分别加入的新节点选用的信道不影响原节点的信道使用。在图 8.12 中我们进一步分析新节点加入对分配时间的影响。在初始状态时,25 个节点需要 4 个时隙来完成信道分配。在第 5 个时隙,25 个新节点加入网络后,有 45 个冲突节点,同时需要 6 个时隙来完成信道分配。在第 20 个时隙,另外 25 个新节点加入网络后,有 43 个冲突节点,仅需 3 个时隙来完成信道分配。两次节点加入造成的冲突节点数目相近,但是第二次新节点加入后,所需的信道分配时间更短,这是因为节点加入网络的时间越晚,新节点越趋向于跳变信道以完成信道分配,而原节点趋向于停留在原信道,所以新节点的加入对原节点的影响小,且缩短了信道分配完成的时间。

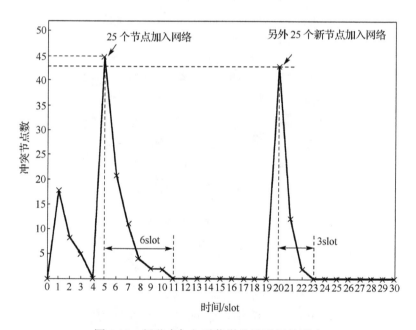

图 8.12　新节点加入对信道分配时间的影响

　　在图 8.13 中,每间隔 5 个时隙在网络中加入新节点,并观察新节点和原节点的信道跳变数目。由图可以观察到,随着时间的增加,原节点跳变信道的数目在不断减少。这与算法 8.1 的设计思想一致,节点在信道上驻留的时间越长,越不容易切换信道。

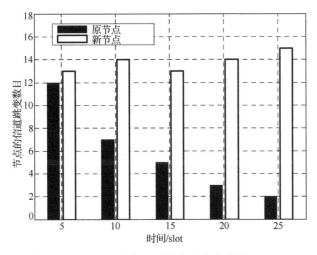

图 8.13　新节点和原节点跳变信道数目

接下来验证协议在恶意节点攻击下的自适应跳变信道的能力。在第 15 个时隙，在网络中加入 25 个恶意节点随机攻击任意信道。图 8.14 显示了在各个时隙下跳变信道的节点数目。由图可得，在恶意节点发起攻击时，虽然原节点在信道上感受到了冲突，但是只有少部分节点选择切换信道。这是因为原节点信道跳变概率 p 随着时间的增加而减小。当冲突时间达到门限值 T_1 时，检测出恶意节点，所以原节点信道跳变概率 p 重置为 0.5，使得大部分原节点跳变信道避免冲突，在第 25 个时隙，原节点全部选择跳离被攻击的信道。

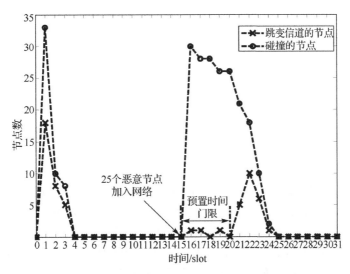

图 8.14　恶意节点攻击下的跳变信道数目

8.5.3　盲汇聚算法分析

图 8.15 显示了在理论仿真中，格型网络、随机网络下的吞吐量随网络中的发送节点数目以及可用信道数目（$M=8$，16，32）的变化情况。在格型网络中，网络节点分布如图 8.11 所示；在随机网络中，100 个节点随机分布在网络中。在两种网络环境下，随机选取发送节点，接收节点在发送节点的传输范围内随机选择，因此，可能出现两个发送节点同时选择竞争一个接收节点的情况。可以观察到，随机网络中的吞吐量更接近于理论值，这是因为随机网络中的节点总处于饱和状态，即每个节点总有数据要发送，并且接收节点空闲的概率高。理论仿真和真实网络中的吞吐量存在差异是因为，在理论仿真中是基于假设每个发送节点均有一个空闲的接收节点而展开分析的。但是在真实的网络环境中，发送节点和接收节点均是随机选取的，其中一个发送节点可能是其他发送节点的接收节点。同时，随着发送节点数目的不断增加，接收节点的空闲概率急剧减小。这在 25 个节点的格型网络中体现得较为明显，随着发送节点数目的增加，吞吐量的增量趋于平缓，这是因为网络中最多仅有12 对节点进行传输。

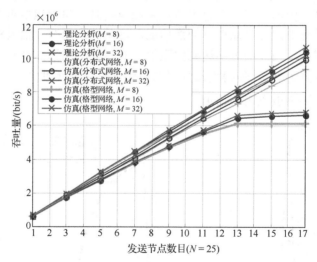

图 8.15　吞吐量随着网络中的发送节点数目以及可用信道数目变化的示意图（见彩图）

本节还评估了传输时延吞吐量随着网络中的发送节点数目以及可用信道数目（$M=8$，16，32）的变化。传输时延定义为发送节点提出发送数据的请求到成功传输的时间。若传输失败，则传输时延同时包括重传时间。综上，传输时延主要包括：①发送节点信道跳变的时间；②发送节点竞争信道的时间；③节点在 RTS-CTS 握手中等待的时间；④数据发送的时间；⑤数据发送失败重传的时间。从图 8.16 可以观察得出，可用信道数目越多，传输时延越小。这是因为在高密度网络中，信道数目越多，碰撞概率越小。因此，信道数目的增加不仅提升了网络的吞吐量，而且降低了传输时延。

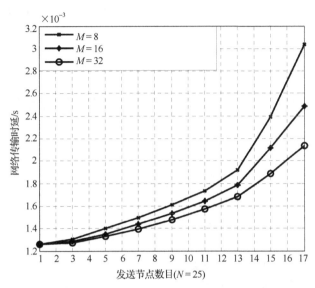

图 8.16　时延随着网络中的发送节点数目以及可用信道数目变化的示意图

8.6　小　　结

信道分配和盲汇聚算法的结合，使得高密度无线网络中任意节点能够实现无干扰的互连互通。本章的信道分配主要是针对节点对进行的，保证相互干扰的传输节点对能够互不干扰地接入不同的信道进行数据传输。基于接收节点等待发送节点跳变的盲汇聚算法使得发送节点与接收节点汇聚在分配的信道上。通过理论分析信道分配的收敛时间，基于马尔可夫模型分析协议的吞吐量。仿真结果验证了节点能够快速完成信道分配，同时新节点的加入不影响原节点的信道使用情况。盲汇聚算法和信道分配的紧密结合既减小了碰撞概率，又提高了系统容量，是未来高密度网络发展的重要方向。

在多信道自组织网络中，用于信道认知、分配和协调的时间过长，会减少用于有效载荷发送的时间，进而影响吞吐量；反之，如果认知、分配和协调所用的时间不充分，可能会带来错误的信道利用，进而也会影响吞吐量。因而，需要进行认知时间窗口的优化。

第9章　认知-吞吐量折中问题的跨层性能分析与优化

9.1　引　　言

认知无线网络经常面对的场景：一方面，某段频谱可能被使用不同工作频段的多个授权用户占用，每个授权用户占用的工作频段形成了一个子信道；另一方面，由于认知用户硬件条件的限制，认知用户在一个时刻不能同时感知带宽较宽的授权信道，只能感知一个带宽较窄的子信道。在上述两种场景下，认知用户感知的频谱空洞呈现为离散的多个子信道，多个认知用户同时利用所有的子信道组网进行并行通信，就自然形成了多信道认知无线网络。多信道认知无线网络的周期性帧结构如图9.1所示。

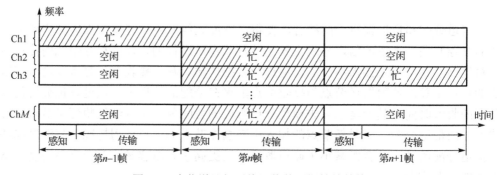

图 9.1　多信道认知无线网络的周期性帧结构

针对多信道认知无线网络的 MAC 协议设计和性能分析问题，目前已有不少研究成果。文献[106]考虑了多信道认知无线网络中的邻居节点分布的异步问题，提出了优化的邻居节点发现策略。文献[107]研究了多信道认知无线网络中存在的信道接入控制问题，为了避免多信道盲问题，维护用户之间的连通性，设计了基于信道状态的信道选择和接入协议。文献[108]和文献[109]在此基础上研究了多跳认知无线网络，在路由建立和维护中考虑信道状态信息，通过最优子信道的选择优化认知用户端到端的性能。文献[110]假设各信道的空闲概率、主用户信号的信噪比等状态不同，认知用户根据这些先验信息确定最优的信道感知顺序；文献[111]进一步考虑多认知用户的最优感知顺序，将其建模为多阶段博弈问题，认知用户感知顺序对应的吞吐量是收益，同时根据信道感知顺序带来的碰撞调整顺序，使所有认知用户的收益达到平衡。文献[112]和文献[113]将基于竞争接入的 MAC 协议分为两类：基于时隙 Aloha 的协议[114,115]和基于 DCF 的协议[116,117]。根据时隙 Aloha 协议，认知用户只需要进行频谱感知，检测到信道空闲后直接发送数据；根据 DCF 协议，认知用户需要使用频谱感知和载波侦听共同决定发送时机，检测到信道空闲后根据载波侦听结果操作退避计数器，决定使用信道的认知用户。上述研究虽然从多个角度考虑了认知用户的接入控制问题，但是目前对认知用户频谱感知参数优化的研究割裂了认知用户接入竞争与频谱感知的联系，造成优化的感知参数并不能在 MAC 层最大化认知用户的吞吐量。

由认知网络跨层分析模型可知，认知用户在检测到信道空闲时的稳态发送概率既与非理想频谱感知造成的与主用户的碰撞有关，又与多认知用户竞争造成的与其他认知用户的碰撞有关。在多信道认知无线网络中，认知用户会随机选择接入的子信道。因此，随着子信道数的增加，选择相同子信道的认知用户数下降，认知用户之间的竞争缓解，与其他认知用户的碰撞概率也随之下降，最终会使认知用户以更大的稳态发送概率发送数据帧。同时，随着子信道数的增加，子信道带宽下降，根据奈奎斯特带通采样定理确定的采样间隔线性增加，在相同采样数的情况下，感知阶段的线性时间增加会导致数据发送阶段时间减少，认知用户的吞吐量性能出现一定程度的下降。因此，在分析多信道认知无线网络中的感知-吞吐量折中问题时，有必要建模非理想频谱感知和多信道竞争接入对认知用户稳态发送概率的综合影响，然后根据给定的子信道数计算最优的频谱感知参数来优化网络性能。本章的创新点可以概括如下。

(1)计算随机选择一个子信道的认知用户数的概率分布,然后联合考虑多信道接入竞争和漏警对认知用户发送概率的影响，推导认知用户的条件发送概率，再计算认知用户吞吐量和主用户干扰概率的闭合表达式，建模折中问题。

(2)在定量分析信道数对采样时间和认知用户竞争接入影响的基础上,计算在给定子信道数情况下的最优感知时间和检测门限。

9.2　系统模型和问题描述

本节考虑一个单跳的多信道认知无线网络，该网络包括 K 个认知用户和 M_c 个子信道。认知用户使用如图 9.2 所示的帧结构进行频谱感知和机会接入。在每个帧开始时刻，认知用户从 M_c 个子信道中随机选取 1 个子信道进行频谱感知。当认知用户感知到该子信道空闲时，按照 MAC 协议机会接入；反之，则保持静默直到下一帧。K 个认知用户位于单跳范围内，因此两个或两个以上认知用户同时发送数据帧时会发生碰撞。本章不考虑捕获效应，因此碰撞会导致同时发送的数据帧无法被正确接收。当主用户和认知用户同时发送时，认知用户发送的数据帧无法被正确接收，同时主用户会受到认知用户的干扰。

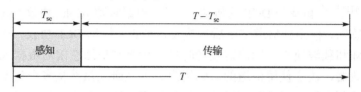

图 9.2　认知用户周期性的帧结构

M_c 个子信道的总带宽用 B 表示，支持的总发送速率为 R。本章假设 M_c 个子信道的带宽相同，且支持相同的发送速率。于是每个子信道的带宽为 B/M_c，发送速率为 R/M_c。在频谱感知阶段，认知用户使用能量检测算法判断信道忙或者空闲。根据能量检测算法的流程，从授权信道接收的信号首先经过带宽为 B/M_c 的带通滤波器，然后对采样的信号求平方和并与检测门限 ε 相比较，以确定主用户是否存在。根据奈奎斯特带通采样定理，当子信道数为 M_c 时，频谱感知阶段总的采样数 I 可以表示为 $T_{sc}B/M_c$，采样间隔 T_s 可以表示为 M_c/B。由此可见，随着信道数的增加，每个子信道的带宽变窄，频谱感知时的采样间隔随着信道数的增加而线性增加。

本章假设各子信道上的主用户状态互相独立且同分布。将每个子信道上的主用户业务建模为"1-0"更新过程，其中状态"1"表示信道被主用户业务占用，因此信道忙，状态"0"表示信道未被主用户业务占用，因此信道空闲。信道处于忙和空闲的平均时间分别用 λ 和 μ 表示，因此在任意时刻，信道忙的概率 P_b 为 $\dfrac{\lambda}{\lambda+\mu}$，信道空闲的概率 P_i 为 $\dfrac{\mu}{\lambda+\mu}$。本章假设信道忙和空闲的平均时间远远大于认知用户帧的持续时间 T。不考虑信道状态变化，在认知用户的一个帧持续期间信道要么忙，要么空闲。因此，能量检测就可以建模为二元假设的检测问题

$$Y = \begin{cases} \displaystyle\sum_{i=1}^{I}(n_i)^2, & H_0 \\ \displaystyle\sum_{i=1}^{I}(s_i+n_i)^2, & H_1 \end{cases} \tag{9-1}$$

其中，Y 表示频谱感知阶段认知用户得到的采样信号的平方和；n_i 和 s_i，$i\in[1,I]$ 分别为认知用户接收到的噪声信号和主用户信号的一个采样值；H_0 和 H_1 分别表示信

道空闲和信道忙的假设。本章考虑经典的认知无线网络信道模型，即主用户的信号为复数相移键控信号，噪声为独立同分布的循环对称复高斯噪声。用 ε 和 γ_p 表示检测门限和认知用户接收到的主用户信号的信噪比(signal-to-noise ratio，SNR)，则认知用户的检测概率和虚警概率可以分别表示为

$$P_d(\varepsilon,I)=\Pr(Y\geqslant\varepsilon|H_1)=\frac{1}{2}\mathrm{erfc}\left(\frac{\varepsilon-I-I\gamma_p}{2\sqrt{2}\sqrt{\frac{I}{2}+I\gamma_p}}\right) \tag{9-2}$$

$$P_f(\varepsilon,I)=\Pr(Y\geqslant\varepsilon|H_0)=\frac{1}{2}\mathrm{erfc}\left(\frac{\varepsilon-I}{2\sqrt{2}\sqrt{\frac{I}{2}}}\right) \tag{9-3}$$

其中，erfc($\cdot$)表示标准高斯分布的错误概率补函数，即

$$\mathrm{erfc}(x)=\frac{2}{\sqrt{\pi}}\int_x^\infty \mathrm{e}^{-t^2}\,\mathrm{d}t$$

本章不考虑数据发送阶段帧间间隔(inter-frame space)和确认帧(acknowledgement frame)的影响，假设认知用户发送的数据量与发送时间成比例。当频谱感知时间 T_{se} 为 $I\cdot T_s$ 时，数据发送阶段的时间为 $T-I\cdot T_s$。每个子信道上认知用户的发送速率为 R/M_c，则在认知用户成功发送的帧中，认知用户的归一化容量 $C(I)$ 可以表示为

$$C(I)=\frac{(T-I\cdot T_s)\cdot R}{T\cdot M_c} \tag{9-4}$$

传统研究忽略了认知用户的竞争接入，认为只要空闲信道被认知用户正确检测为空闲，就会有认知用户发送数据帧。于是，认知用户的容量可以表示为

$$S(\varepsilon,I)=M_c P_i(1-P_f(\varepsilon,I))C(I)=P_i(1-P_f(\varepsilon,I))\frac{(T-I\cdot T_s)\cdot R}{T} \tag{9-5}$$

传统研究使用认知用户的检测概率作为约束，从而避免了认知用户的发送对主用户造成严重干扰。因此，传统研究将感知-吞吐量折中问题建模为给定检测概率 $\overline{P}_d$ 约束下的认知用户容量最大化问题，即

$$\begin{aligned}&\underset{\varepsilon,I}{\mathrm{maximize}}\ \ S(\varepsilon,I)\\&\mathrm{subject\ to}\ \ P_d(\varepsilon,I)\geqslant\overline{P}_d\end{aligned} \tag{9-6}$$

9.3　非理想频谱感知和多信道竞争接入的综合影响

本节研究多信道认知无线网络中，各子信道忙或者空闲的概率、带宽、支持的发送速率相同，同时各认知用户在每个帧前随机选择一个子信道进行频谱感知和机

会接入。因此，各子信道上的平均吞吐量相同，各子信道上的主用户受到相同的干扰概率。更进一步，多信道认知无线网络中认知用户的总吞吐量是各子信道上吞吐量的 M_c 倍，主用户受到的平均干扰概率和各子信道主用户受到的干扰概率相同。

9.3.1　多信道竞争接入建模

在多信道认知无线网络中，认知用户会从多个子信道中随机选取一个子信道进行频谱感知和机会接入，因此子信道的数量决定了选取某个子信道的认知用户的数量。竞争同一子信道的认知用户的数量与认知用户的碰撞程度密切相关，进而会对认知用户的稳态发送概率产生影响；同时，考虑非理想的频谱感知，感知时间、检测门限等频谱感知参数会对认知用户的检测概率产生影响，漏警的发生也会对认知用户的稳态发送概率产生影响。因此，对多信道认知无线网络进行跨层性能分析和优化时，需要同时考虑多信道竞争接入和频谱感知参数对认知用户稳态发送概率的影响，对认知用户吞吐量性能和主用户干扰概率进行建模。

在每个帧前，认知用户从 M_c 个子信道中随机选取一个频谱感知和机会接入，因此选择某个子信道的概率为 $1/M_c$，选择其他 M_c-1 个子信道的概率可以表示为 $1-1/M_c$。K 个认知用户中有 k 个选择相同信道的概率可以表示为

$$P(k) = C_K^k \left(\frac{1}{M_c} \right)^k \left(1 - \frac{1}{M_c} \right)^{K-k} \tag{9-7}$$

其中，C_K^k 表示从所有的 K 个认知用户中选择 k 个的组合数。

考虑 k 个认知用户选择同一个子信道的情况。将这 k 个认知用户中的任意一个作为"标识认知用户"，分别用 $P_c^1(\varepsilon, I)$ 和 $P_c^2(k, \tau)$ 表示该标识认知用户发送的数据帧和主用户的碰撞概率，以及和其他选择该子信道的 $k-1$ 个认知用户的碰撞概率。当该子信道忙但是被认知用户感知为空闲，即漏警发生时，标识认知用户发送的数据帧将和主用户碰撞。因此，和主用户碰撞的概率 $P_c^1(\varepsilon, I)$ 可以表示为

$$P_c^1(\varepsilon, I) = P_b \cdot (1 - P_d(\varepsilon, I)) \tag{9-8}$$

在饱和情况下，可以认为认知用户在每个退避时隙前以条件发送概率 τ 发送数据帧。当其他 $k-1$ 个认知用户中至少有 1 个发送时，标识认知用户发送的数据帧就会和其发生碰撞。因此，在 k 个认知用户选择同一个子信道时，该标识认知用户和其他 $k-1$ 个认知用户碰撞的概率 $P_c^2(k, \tau)$ 可以表示为

$$P_c^2(k, \tau) = 1 - (1 - \tau)^{k-1} \tag{9-9}$$

从一段较长时间的观测数据分析，认知用户发送的数据帧与其他认知用户碰撞的平均概率为

$$P_c^2(\tau) = \sum_{k=1}^{K} P(k)P_c^2(\tau,k) \tag{9-10}$$

因为认知用户发送的数据帧和主用户的碰撞概率与和其他认知用户的碰撞概率互相独立,所以该标识认知用户发送的数据帧发生碰撞的总概率 $P(\varepsilon,I,\tau)$ 可以表示为

$$P(\varepsilon,I,\tau) = P_c^1(\varepsilon,I) + P_c^2(\tau) - P_c^1(\varepsilon,I) \cdot P_c^2(\tau) \tag{9-11}$$

根据本章提出的二维马尔可夫链模型,认知用户在每个退避时隙前的条件发送概率 τ 可以递归地表示为

$$\tau = \frac{2(1-2P(\varepsilon,I,\tau))}{(1-2P(\varepsilon,I,\tau))(W+1) + P(\varepsilon,I,\tau)W(1-(2P(\varepsilon,I,\tau))^M)} \tag{9-12}$$

为了验证频谱感知质量和信道数对认知用户条件发送概率的影响,改变频谱感知参数 ε 和 I 的值使检测概率 $P_d(\varepsilon,I)$ 从 0.5 到 1 变化。图 9.3 显示的是在不同的信道数下,认知用户的条件发送概率与检测概率的关系曲线,其中 P_b =0.5,K=50,W=32,M=5。可以观察到,认知用户的条件发送概率随着检测概率的增加和信道数的增加而增大。这是因为检测概率增加使认知用户与主用户的碰撞概率降低,信道数增加使选择同一信道竞争的认知用户数减少,导致与其他认知用户的碰撞概率降低。两者都会导致认知用户的总碰撞概率下降,认知用户的条件发送概率增大。该仿真结果证明了频谱感知质量和信道数综合决定了认知用户的发送概率。因为认知用户的发送概率是决定主用户干扰概率和认知用户吞吐量的关键变量,所以对多信道认知无线网络中认知用户发送概率的准确分析是从跨层角度考虑该折中问题的关键。

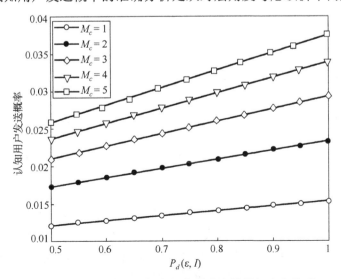

图 9.3　认知用户发送概率与信道数和检测概率的关系

9.3.2　时隙 Aloha 协议的分析模型

考虑时隙 Aloha 协议，对于 M_c 个子信道中的任何一个，当该子信道被检测为空闲时，选择该子信道的认知用户以概率 τ 发送数据帧，以概率 $1-\tau$ 不发送数据帧。也就是说，当子信道被检测为空闲时，认知用户发送与否服从伯努利分布。进一步考虑 k 个认知用户选择该子信道的情况。在该子信道被认知用户感知为空闲的条件下，k 个认知用户中至少有一个发送数据帧的概率可以表示为

$$P_{tr,a}(k,\tau) = 1 - (1-\tau)^k \tag{9-13}$$

因为选择该子信道的认知用户数 k 是从 1 到 K 的随机变量，即 $1 \leqslant k \leqslant K$，服从式(9-7)的概率分布，所以在一个子信道被感知为空闲的条件下，至少有一个认知用户发送的平均概率可以表示为

$$P_{tr,a}(\tau) = \sum_{k=1}^{K} P(k) P_{tr,a}(k,\tau) \tag{9-14}$$

同理，在 k 个认知用户选择该子信道，且该子信道被认知用户感知为空闲的条件下，k 个认知用户中有且只有一个发送数据帧的概率可以表示为

$$P_{s,a}(k,\tau) = k\tau(1-\tau)^{k-1} \tag{9-15}$$

于是，在一个子信道被感知为空闲的条件下，有且只有一个认知用户发送的平均概率可以表示为

$$P_{s,a}(\tau) = \sum_{k=1}^{K} P(k) P_{s,a}(k,\tau) \tag{9-16}$$

对于时隙 Aloha 协议，该子信道上主用户被干扰需要同时满足三个条件：①至少有一个认知用户选择该子信道；②该子信道忙但是被认知用户错误地检测为空闲，即漏警发生；③选择该子信道的认知用户中至少有一个发送数据帧。于是，时隙 Aloha 协议下认知用户对主用户造成的干扰概率可以表示为

$$P_{I,a}(\varepsilon, I) = P_b \cdot (1 - P_d(\varepsilon, I)) \cdot P_{tr,a}(\tau) = P_b \cdot (1 - P_d(\varepsilon, I)) \cdot \sum_{k=1}^{K} P(k) P_{tr,a}(\tau, k) \tag{9-17}$$

该子信道上有成功传输的认知用户的数据也要同时满足三个条件：①至少有一个认知用户选择该子信道；②信道空闲且被认知用户正确地检测为空闲；③选择该子信道的认知用户中有且只有一个发送数据帧。考虑到在时隙 Aloha 协议下，在一个成功发送的帧中认知用户获得的归一化吞吐量 $C_a(I)$ 可以表示为式(9-4)的形式。时隙 Aloha 协议下 M_c 个子信道上认知用户的总吞吐量性能可以表示为

$$S_a(\varepsilon,I) = M_c \cdot P_i \cdot (1 - P_f(\varepsilon,I)) \cdot P_{s,a}(\tau) \cdot C_a(I)$$

$$= M_c \cdot P_i \cdot (1 - P_f(\varepsilon,I)) \cdot \sum_{k=1}^{K} P(k) P_{s,a}(k,\tau) \cdot \frac{(T - I \cdot T_s) R}{T \cdot M_c} \quad (9\text{-}18)$$

$$= P_i \cdot (1 - P_f(\varepsilon,I)) \cdot \sum_{k=1}^{K} P(k) P_{s,a}(k,\tau) \cdot \frac{(T - I \cdot T_s) \cdot R}{T}$$

传统研究中为了避免对主用户造成严重干扰，要求认知用户的检测概率不低于给定的门限 $\bar{P}_d$，而实际上，主用户更关心的参数是自己被认知用户干扰的概率。因此，本研究使用主用户干扰概率作为约束条件，将感知-吞吐量折中问题建模如下

$$\begin{aligned} \underset{\varepsilon,I}{\text{maximize}} \ & S_a(\varepsilon,I) \\ \text{subject to} \ & P_{I,a}(\varepsilon,I) \leqslant \bar{P}_I \end{aligned} \quad (9\text{-}19)$$

其中，$\bar{P}_I$ 为干扰概率门限。对于上述优化问题，我们需要计算最优的感知时间 I 和检测门限 ε，在满足主用户干扰概率不大于 $\bar{P}_I$ 的约束下最大化认知用户吞吐量。

9.3.3　DCF 协议的分析模型

在 DCF 协议下，认知用户从 M_c 个子信道中选择一个子信道感知并机会接入。因为 DCF 协议使用载波侦听决定发送数据的认知用户并且认知用户的退避计数器随机分布，所以竞争窗口的长度为变量。本节首先分析竞争窗口长度的概率分布，然后分析竞争窗口对认知用户吞吐量的影响。假设有 k，$k \in [1,K]$ 个认知用户选择一个子信道感知并接入信道。因为每个认知用户在每个退避时隙中发送的概率为 τ，那么在每个退避时隙中没有认知用户发送的概率为 $(1-\tau)^k$，至少有一个认知用户发送的概率为 $1-(1-\tau)^k$，有且只有一个认知用户发送的概率为 $k\tau(1-\tau)^{(k-1)}$。

考虑至少有一个认知用户在第 i 个退避时隙发送数据。此时，前 $i-1$ 个退避时隙中没有认知用户发送数据，同时至少有一个认知用户在第 i 个退避时隙发送数据。因此，至少有一个认知用户在第 i 个退避时隙发送数据的概率可以表示为

$$P_{\text{tr},d}(k,i,\tau) = ((1-\tau)^k)^{i-1} \cdot (1-(1-\tau)^k) \quad (9\text{-}20)$$

因此，当 k 个认知用户选择同一信道时，认知用户数据发送前经历的平均退避时隙数可以表示为

$$E_{\text{tr}}(k,\tau) = \sum_{i=1}^{\infty} (i-1) \cdot P_{\text{tr},d}(k,i,\tau) = \frac{(1-\tau)^k}{1-(1-\tau)^k} \quad (9\text{-}21)$$

由此可知，当信道被检测为空闲时，认知用户发送数据前的平均退避时隙数很小；又因为每个退避时隙的长度很小，可以认为当子信道被检测为空闲时，至少有一个认知用户会在该子信道上发送数据。进而，一个子信道上主用户被干扰需要满

足两个条件：①该子信道状态为忙；②至少有一个认知用户检测该子信道为空闲。所以，对主用户的干扰概率可以表示为

$$P_{I,d}(\varepsilon,I) = P_b \cdot (1 - P_d(\varepsilon,I)) \cdot \sum_{k=1}^{K} P(k)P_{tr,d}(k,\tau) = P_b \cdot (1 - P_d(\varepsilon,I)) \cdot \left(1 - \left(1 - \frac{1}{M_c}\right)^K\right) \quad (9-22)$$

同理，在第 i 个退避时隙中，有且只有一个认知用户发送数据的概率可以表示为

$$P_{s,d}(k,i,\tau) = ((1-\tau)^k)^{i-1} \cdot k\tau(1-\tau)^{k-1} \quad (9-23)$$

因此，在一个帧中总的成功发送概率可以表示为

$$P_{s,d}(k,\tau) = \sum_{i=1}^{\infty} P_{s,d}(k,i,\tau) = \frac{k\tau(1-\tau)^{k-1}}{1-(1-\tau)^k} \quad (9-24)$$

当有且只有一个认知用户发送数据时，其发送的数据帧才可能被正确接收。因此，$P_{s,d}(k,i,\tau)$ 也是在一个成功发送的帧中竞争窗口长度为 $(i-1)T_b$ 的概率，于是当 k 个认知用户竞争使用信道时，一个成功发送的帧的竞争窗口中的平均退避窗口数可以表示为

$$E_s(k,\tau) = \sum_{i=1}^{\infty} (i-1)P_{s,d}(k,i,\tau) = \frac{k\tau(1-\tau)^{2k-1}}{(1-(1-\tau)^k)^2} \quad (9-25)$$

在竞争窗口中认知用户并不会发送数据帧。当 k 个认知用户选择 1 个子信道时，因为竞争窗口的平均长度为 $E_s(k,\tau) \cdot T_b$，在一个成功发送的帧中认知用户可以获得的归一化吞吐量可以表示为

$$C_d(k,I) = \frac{T - I \cdot T_s - E_s(k,\tau) \cdot T_b}{T \cdot M_c} R \quad (9-26)$$

因此，认知用户总吞吐量可以表示为

$$S_d(\varepsilon,I) = M_c P_i \cdot (1 - P_f(\varepsilon,I)) \cdot \sum_{k=1}^{K} P_{s,d}(k,\tau)C_d(k,I)$$

$$= P_i \cdot (1 - P_f(\varepsilon,I)) \cdot \sum_{k=1}^{K} P_{s,d}(k,\tau) \frac{T - I \cdot T_s - E_s(k,\tau) \cdot T_b}{T} R \quad (9-27)$$

在 DCF 协议中，跨层方法将感知-吞吐量折中问题建模为

$$\begin{aligned} &\underset{\varepsilon,I}{\text{maximize}} \ S_d(\varepsilon,I) \\ &\text{subject to} \ P_{I,d}(\varepsilon,I) \leqslant \overline{P}_I \end{aligned} \quad (9-28)$$

为了求解上述优化问题，可以首先证明不等式约束可以转化为等式约束，然后通过对采样数 I 的遍历搜索获得最优解，在此不再赘述。

9.4　跨层优化性能分析与比较

本节通过网络仿真验证了多信道认知无线网络中认知用户的多信道接入竞争对感知-吞吐量折中问题的影响。为了更好地观察和理解仿真结果，本节设置可用的总带宽 B 等于 20MHz，支持的总的发送速率 R 等于 11Mbit/s。信道处于状态忙和空闲的概率相同。退避时隙的长度 T_b 等于 5μs，最小退避窗口 W 和最大退避阶数 M 分别为 32 和 5。仿真中传统方法使用的检测概率门限 $\bar{P}_d$ 为 99%，以保证主用户干扰概率不超过 1%；因此，为了保证比较的公平性，本章所提跨层方法中的主用户干扰概率门限 $\bar{P}_l$ 为 1%。

9.4.1　传统方法与跨层方法的比较

为了公平全面地比较传统方法和跨层方法的性能，本节首先计算两种方法获得的最优频谱感知参数 ε 和 I，然后按照计算得到的参数配置仿真参数，统计对主用户的干扰概率和认知用户的吞吐量这两个性能指标。图 9.4 和图 9.5 分别是时隙 Aloha 协议和 DCF 协议下的认知用户吞吐量随着感知时间变化的曲线，表 9.1 是不同方法下的两种协议对主用户的干扰概率，其中 T=100μs，K=30。首先，可以观察到存在一个最优感知时间和对应的检测门限，在满足对主用户的干扰约束下，最大化认知用户的吞吐量。例如，在图 9.4(a) 中，当 M=1 时，使用跨层方法得到的认知用户的吞吐量在 I=1350 时达到最大值 0.96Mbit/s。其次，可以观察到无论使用时隙 Aloha 协议还是使用 DCF 协议，本章提出的跨层算法的吞吐量性能明显优于传统算法；但是，本章提出的跨层算法导致的主用户干扰概率大于传统算法。事实上，跨层算法的吞吐量性能比传统算法高 35%。这是因为认知用户以概率 τ 发送数据帧，所以即使漏警发生，认知用户也可能不对主用户造成干扰。而当传统算法使用 $\bar{P}_d$ =99%作为约束时，对主用户造成的干扰远远小于 1%。也就是说，传统算法使用的检测概率约束比跨层算法使用的干扰约束更加严格。为了满足更加严格的约束，时隙 Aloha 协议下认知用户必须使用更多的频谱感知时间和更高的检测门限。最终导致认知用户使用更多的用于频谱感知的额外开销和更低的认知用户发送概率，两者都会使认知用户的吞吐量性能显著下降。两种算法的认知用户吞吐量和对主用户干扰概率的比较说明：跨层算法使用高层约束，放松了频谱检测概率的约束，从而对主用户造成更多的干扰，但是可以为认知用户提供更高的吞吐量性能；传统算法使用底层约束，对主用户造成的干扰更小，但是认知用户获得的吞吐量较低。虽然本章提出的跨层方法带来了更多干扰，但是其依然能为认知用户提供可以接受的保护。考虑跨层方法能显著提高认知用户吞吐量的性能，并且主用户越来越关注服务质量指标，因此，跨层方法依然有重要的研究意义。

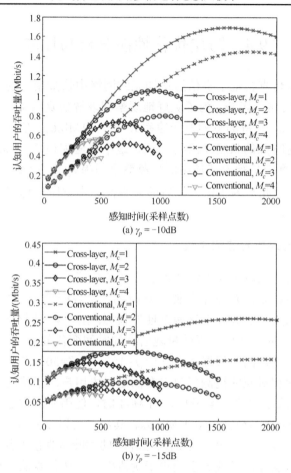

(a) $\gamma_p = -10\text{dB}$

(b) $\gamma_p = -15\text{dB}$

图 9.4　时隙 Aloha 协议下认知用户吞吐量随感知时间变化的曲线（见彩图）

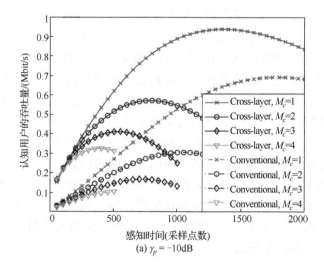

(a) $\gamma_p = -10\text{dB}$

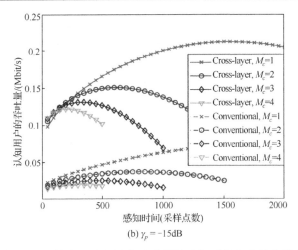

(b) $\gamma_p = -15\text{dB}$

图 9.5　时隙 DCF 协议下认知用户吞吐量随感知时间变化的曲线（见彩图）

表 9.1　传统方法和跨层方法主用户干扰概率比较

方法和协议	$M_c=1$	$M_c=2$	$M_c=3$	$M_c=4$
传统方法，时隙 Aloha	0.23%	0.19%	0.16%	0.14%
传统方法，DCF	0.5%	0.5%	0.5%	0.5%
跨层方法	1%	1%	1%	1%

比较图 9.4 和图 9.5 中的时隙 Aloha 和 DCF 的性能，可以发现 DCF 协议比时隙 Aloha 协议需要更长的频谱感知时间，但是 DCF 协议的吞吐量性能明显优于时隙 Aloha 协议的吞吐量性能。这是由于 DCF 协议下，当信道被感知为空闲时，至少会有一个认知用户接入发送数据帧，只要漏警发生就会对主用户造成干扰。为了满足主用户干扰概率约束，认知用户必须使用更长的感知时间。另外，DCF 协议中认知用户可能在竞争阶段的每一个退避时隙发送数据帧，发送成功的概率远大于时隙 Aloha 下的成功发送概率。感知时间增加导致的吞吐量降低小于成功发送概率增加导致的吞吐量提升，因此 DCF 协议的吞吐量性能优于时隙 Aloha。但是 DCF 协议的接入概率大于时隙 Aloha 下的接入概率，对主用户造成了更多干扰。

9.4.2　子信道数的影响

图 9.6 显示的是最优的采样数和最大的认知用户吞吐量随信道数变化的曲线，其中 $T=100\mu\text{s}$，$K=30$。首先，可以观察到无论网络中子信道的数量多少，传统方法都比跨层方法使用更多的采样数，但其获得的吞吐量性能低于跨层方法。其中的原因在 9.4.1 节已经讨论过，这里不再赘述。其次，可以观察到最优的采样数随着信道数的增加而增加。这是因为随着子信道数的增加，竞争同一个子信道的平均认知用户数减少。主用户被干扰的可能性降低，认知用户使用更少的采样数就可以保证

对主用户的干扰概率约束。考虑到最优的采样数以及对应的检测门限随着信道数的变化而变化，因此，在实际的认知无线网络中要根据可用的子信道数进行调整。最后，可以观察到无论时隙 Aloha 协议还是 DCF 协议的吞吐量性能都随着子信道数的增加而逐渐减小。具体来说，当 $\gamma_p = -10$dB 时，如果子信道数从 1 变成 2，时隙 Aloha 协议的吞吐量性能下降 42%，DCF 协议的吞吐量性能下降 34%。这个现象可以从以下两方面进行解释：一方面，子信道数的增加导致采样间隔的线性增加，虽然采样数随着信道数的增加而减小，但是总的频谱感知时间增加；另一方面，子信道数的增加导致在同一个子信道上感知和发送的认知用户数减少，因此每个子信道上总的成功发送概率下降。两个方面都会导致认知用户吞吐量下降。从该仿真结果可以得到结论，在部署实际的认知无线网络时，最好选择划分为较少子信道的频段，以获得更好的认知用户吞吐量性能。

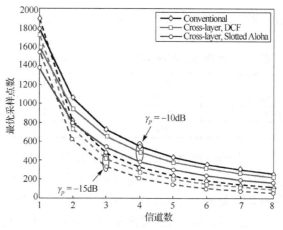

(a) 最优采样数随信道数变化的曲线

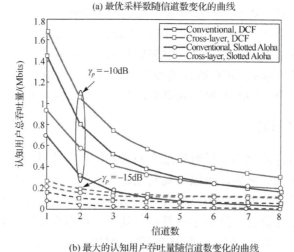

(b) 最大的认知用户吞吐量随信道数变化的曲线

图 9.6　信道数的影响

9.4.3　帧长度的影响

图 9.7 显示的是最优采样数和最大认知用户吞吐量随认知用户帧长度变化的曲线，其中 M_c=4，K=30。首先，可以观察到无论认知用户使用多大的帧长度，传统方法都比跨层方法使用更多的采样数，其获得的吞吐量性能低于跨层方法。其次，可以观察到最优采样数和认知用户吞吐量都随着帧长度的增加而增加。这是因为随着帧长度的增加，认知用户在一个成功发送的帧中获得的归一化吞吐量显著上升。当认知用户使用更多的感知时间时，一方面，频谱感知的可靠性增加，成功发送的概率上升，最终会导致吞吐量上升；另一方面，尽管用于频谱感知的额外开销增加，但是频谱感知在整个帧中所占的比例下降，导致认知用户归一化吞吐量上升。上述两方面都会引起认知用户吞吐量上升，所以，认知用户倾向于使用更多的频谱感知时间来获得更优的吞吐量性能。通过观察图 9.6 和图 9.7 的仿真结果可以得出以下结论：认知用户的最优采样数以及对应的检测门限随子信道数、帧长度和主用户的SNR 变化，因此在实际的认知无线网络中，最优的频谱感知参数需要考虑以上三个因素进行调整，才能获得最优的吞吐量性能。

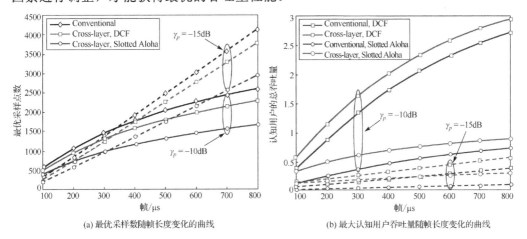

(a) 最优采样数随帧长度变化的曲线　　　　　(b) 最大认知用户吞吐量随帧长度变化的曲线

图 9.7　帧长度的影响

9.5　小　　结

本章从跨层角度入手，分析了多信道认知无线网络中的感知-吞吐量折中问题的性能分析和优化问题。首先，考虑多信道认知无线网络中，认知用户随机选择子信道感知和接入的情况，计算选择同一子信道的认知用户数的概率分布，在此基础上对认知用户的条件发送概率建模；然后，考虑典型的时隙 Aloha 和 DCF 两个接入控制协议，推导出两种协议下主用户干扰概率和认知用户吞吐量的表达式，将折中问题建模为主用户干扰概率约束下的认知用户吞吐量最大化问题，同时通过对采样数的搜索计算优化问题的最优解。仿真结果证明，与忽略多信道竞争接入的传统方法相比，采用本章设计的跨层方法可以显著提高认知用户的吞吐量性能。同时，最优采样数以及对应的检测门限随着信道数和认知用户使用的帧长度变化。以上研究成果为多信道认知无线网络设计和优化提供了理论基础。

多信道动态组网已被很多协议标准所支持，在未来大规模高密度组网中有光明的应用前景。

第 10 章　多信道动态组网案例演示

10.1　引　　言

本章通过两个例子来演示多信道动态组网的实现过程，希望给读者在系统实现上以启发。然后我们简单展望多信道动态组网在未来物联网、无人系统组网中的应用。

软件无线电设备可方便地进行编程和重构，并逐渐成为业余爱好者、学术机构和商业机构用来研究和构建无线通信系统的首选。软件无线电具有极强的扩展能力，为实现具备认知能力的多信道无线网络提供了理想的平台。本章我们借助两台PC（搭载 Ubuntu 14.04 系统，安装 GNU Radio 软件）和四台 SDR 平台搭建完整的认知多信道无线网络测试床，用来演示基于控制信道和基于盲汇聚的多信道组网过程，并对其性能指标进行测试。

10.2　演示软硬件平台介绍

10.2.1　认知无线网络测试平台架构简介

认知无线网络测试平台基于图 10.1 所示的架构。每个节点由一个与普通计算机相连的开源、可重构的射频前端组成。计算机中运行着已实现的资源分配算法和MAC 协议。每个节点服务于上层的需求，并且基于外部频谱管理实体输入的频谱资源使用规则与频谱资源进行交互。

可重构的物理层：整个系统依托于一个可重构的硬件平台，物理层主要由软件无线电外设和 GNU Radio 组成。

频谱信息：该部分主要负责从内部的物理层收集和管理频谱信息，并用于外部的频谱资源管理。内部物理层的 GNU Radio 能够提供获得频谱资源状态的接口，包括频谱可用性和信道状态，这些都由 SDR 平台测量得到。

MAC 层：MAC 层的部件可由开发者自行编写。依靠详细的系统配置，MAC协议可以在一个独立的模块中实现，并且成为 GNU Radio 的一部分。

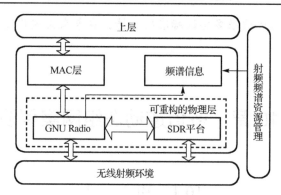

图 10.1　认知无线网络测试平台架构

10.2.2　GNU Radio 软件平台简介

GNU Radio 由 Eric Blossom 开发，是一种主要基于 Linux 系统的、可以在低成本的外部射频(radio frequency，RF)硬件和通用微处理器上实现软件定义无线电系统的开源软件工具。它用软件来定义无线电波发射和接收的方式，基于该平台，用户能够以软件编程的方式灵活地构建各种无线应用，进而很好地实现认知无线电的认知任务。

GNU Radio 提供一个信号处理模块的库，这个库包含多种调制模式(GMSK、PSK、QAM、OFDM 等)、多种纠错编码(维特比码、Turbo 码等)、多种信号处理结构(最优滤波器、FFT、量化器等)，并且有相应的机制把单个处理模块连接在一起形成系统。除了引用其本身提供的库，GNU Radio 还允许用户编写自己的处理模块及运行脚本。GNU Radio 的编程基于 Python 脚本语言和 C++的混合方式，其软件结构如图 10.2 所示。C++由于具有较高的执行效率，被用于编写各种信号处理模块(block)。Python 是一种新型的脚本语言，具有无须编译、语法简单以及完全面向对象的特点，因此被用来编写连接各个模块成为完整的信号处理流程的脚本。由 Python语言创建流图(graph)，使顶层的模块通过 Swig 黏合剂调用底层的信号处理模块，实现各种功能。

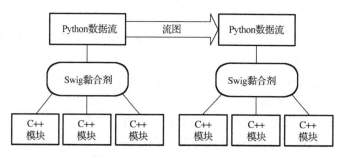

图 10.2　GNU Radio 软件结构

10.2.3　SDR 硬件平台简介

在本章的演示中，我们采用了国产的 KZ-SDR-EL 软件无线电平台，该平台在使用上类似于 USRP N210 平台，但功能和技术服务支持更强大。KZ-SDR-EL 软件无线电是一款由湖南智领通信科技有限公司推出的全新综合化、系统化、软件化、网络化的教学科研创新实验系统，包括自主开发的高性能通用软件无线电开发平台（包括普通、高端、一体化三种平台）、自主开发的 KZ-SDR-IDE 智领通信教学软件，以及联合高校教学名师编写的课程案例库与创新实验案例库。

我们采用其高端型平台（图 10.3）。它采用 Xilinx 公司的 Ultrascale+XCZU4 SoC 作为基带芯片，以及 ADI 公司推出的高集成度的 AD9375 作为集成射频芯片，是目前业界性能较高的基于 SoC 软件无线电开发平台，配合自主开发的 UHD 驱动，可以兼容 GNU Radio 开发模式，从而在嵌入式平台上运行高性能应用。

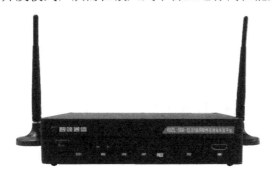

图 10.3　KZ-SDR-EL02 高端型硬件平台

其中 Ultrascale+XCZU4G SoC 采用 1.3GHz 的双核 ARM® Cortex-A53 内核，AD9375 射频芯片，频段覆盖 300～6000MHz，带宽最高支持 40MHz，具有感知通道和数字预失真功能，通过高速 JESD204B 与基带处理接口连接，支持高达 6144 Mbit/s 的线速。

与市场上现有的各类通信平台相比较，本平台特点如下。

(1) 平台软件化，可作为多种课程实验平台。本产品基于软件无线电体系架构设计，在一个通用硬件平台上，通过加载不同的软件算法，即可完成多种课程的教学实验。算法各模块产生和信号观察都通过软件模块产生，可以在计算机上灵活设置，观察信号种类多样，可扩展性强。这突破了传统教学设备受硬件限制只能提供有限功能的局面，为用户提供了一个无限扩展的平台。

(2) 本产品支持用户自己设计应用创新案例，通过下载波形软件，直接作为产品原型系统验证，从而为用户建立完整的电子信息系统的概念。实验平台基于主流的 C/C++、Python、Linux 编程，用户可方便地从事开发应用。

(3)可重构和可升级。新的通信算法可从网络下载,以最小的代价实现产品的快速更新换代。例如,要面向未来物联网、5G 网络进行实验,无须重新购买新的硬件设备,只需要开发新的算法即可。

(4)可应用于远程教学。本产品可以进行联网应用,通过访问湖南省软件无线电工程技术研究中心主页网站,下载教学实验代码,也可结合国防科技大学电子科学学院开设的 MOOC 课程进行远程教学实验应用。

10.2.4　网络架构

测试系统搭建如图 10.4 所示,两台 PC 分别通过以太网口连接两个交换机控制四个 SDR 平台,PC 运行程序算法驱动 SDR 平台作为真实的数据收发装置。

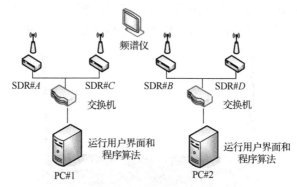

图 10.4　系统测试配置图

为了更清晰地描述多信道自组网过程,我们设计并实现了图 10.5 所示的图形用户界面(GUI)。用户可以自主地选择多信道通信模式(基于控制信道或者盲汇聚)、发送的图片,同时图形界面综合集成了数据信道忙闲状态、当前使用的数据信道、丢包率和吞吐量等信息。

图 10.5　GUI

10.3 基于控制信道的多信道并行通信

前面已经详细介绍了基于控制信道的多信道 MAC 协议的概念、基本原理和性能分析。本节我们从系统实现的角度详细介绍该协议的工作过程。

10.3.1 基于控制信道的多信道并行通信协议流程

假设网络中存在一个公共的控制信道，基于控制信道的多信道并行通信主要包括三个阶段：①竞争阶段，拟发送数据的节点按照 IEEE 802.11 DCF 机制竞争控制信道；②协商阶段，竞争到控制信道使用权的发送节点和接收节点在控制信道上交换协商帧来确定数据信道的使用；③数据传输阶段，收发节点在协商成功的数据信道上传输数据。

假设网络中有两对节点(A 和 B，C 和 D)拟进行并行通信，共有 3 个信道 ch0、ch1、ch2，其中 ch0 作为控制信道，协议的具体流程如图 10.6 所示。当节点 A 有数据要发送时，首先立即检测所有数据信道并将可用数据信道信息封装在协商帧中，同时等待控制信道空闲一个 DIFS(distributed inter-frame space)后，节点 A 向节点 B 发送协商帧，节点 B 收到 A 的协商帧后对信道进行能量检测获得接收端的空闲数据信道，并在两者公共可用数据信道中选择一个数据信道(ch2)将其封装到回复帧中回复给节点 A。然后，节点 A、B 跳变到数据信道 ch2 上进行连续的数据传输。在节点 A 和节点 B 进行协商的同时，节点 C 正处于退避阶段，由于检测到控制信道忙，节点 C 冻结退避计数器直到节点 A 和节点 B 协商成功并释放控制信道，接着，节点 C 竞争到控制信道并按照与节点 A 和 B 相同的协商过程获得了空闲数据信道 ch1 的使用权。当节点 A 和 B 在数据信道 ch2 上的数据传输受到干扰时，节点启动退避计数器重新争用控制信道，待争用到控制信道后重新进行数据信道的协商。值得注意的是，如果节点没有数据发送需求，那么节点会一直侦听控制信道。

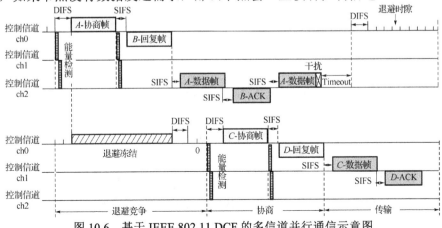

图 10.6 基于 IEEE 802.11 DCF 的多信道并行通信示意图

考虑到在实际环境中，可用信道数量有可能小于网络中的收发节点对的数量，也就是说，当节点成功协商后，有可能并没有空闲的数据信道可用，此时，节点会一直使用最大竞争窗口来进行退避竞争，直到检测到有数据信道被其他节点释放，则重置重传阶数且初始化竞争窗口并继续退避争用控制信道。

同时，为了尽可能缓解控制信道的瓶颈问题，减轻控制信道上的协商负载，我们允许节点在一次协商成功后连续发送多个数据帧，数据帧具体个数可以通过仿真选取最优结果。

10.3.2　基于控制信道的多信道并行通信演示

本节使用现有的四个 SDR 平台模拟两对通信节点完成 Ad hoc 网络结构下的多信道通信，具体环境如图 10.7 所示，PC#1 通过交换机驱动 SDR#A 和 SDR#C 模拟两个发送节点，PC#2 通过交换机驱动 SDR#B 和 SDR#D 模拟两个接收节点，A 与 B、C 与 D 分别组成通信节点对，设置 ch0、ch1、ch2、ch3、ch4 共五个信道，ch0 默认为控制信道。首先通过 GUI 开启 A 与 B 在专有控制信道模式下的通信，通过图形界面可以看到，A 和 B 通过在控制信道 ch0 上协商成功选择了一个数据信道进行图片传输。当 A 和 B 建立稳定的数据传输后，启动 C 与 D 在专有控制信道模式下的通信，可以观察到，C 和 D 也在控制信道 ch0 上成功协商并选择了另外一个数据信道进行图片传输。

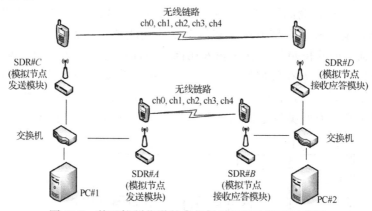

图 10.7　基于控制信道的多信道并行通信演示示意图

10.4　多信道盲汇聚

第 5 章详细介绍了多信道盲汇聚技术，该技术不需要专门的控制信道，因而可以进一步提高网络的抗干扰能力。本节我们从系统实现的角度详细介绍该协议的工作过程，并将其与基于控制信道的多信道协议进行抗干扰性能对比。

10.4.1　多信道盲汇聚协议流程

多信道盲汇聚的基本思想是，在没有公共控制信道的情况下，通信节点双方互相不知道数据信道的可用情况，因此按照一定的规则在各自的数据信道上跳变并等待，通过控制跳变频率和等待的时间，从而达成在某一信道上的汇聚，类似于钟表的时针和分针，正是由于两者的转动速度不同，才使得两者出现周期性的重合。

基于多信道盲汇聚的通信过程如图 10.8 所示。网络中共有 ch1、ch2、ch3 和 ch4 四条数据信道，图中阴影部分为信道受到干扰的情形。图中节点 A 欲与节点 B 通信，首先要与节点 B 达成汇聚。因此，节点 A 按照发送节点的信道跳变方式进行信道跳变，由于节点 A 检测到 ch3 受到干扰，其信道跳变列表为 {2,4,1}。在节点 B 的环境中，ch2 受到干扰不可用，因此节点 B 的信道跳变列表为 {4,1,3}。在某一时刻，节点 A、B 同时跳变到 ch1 上并成功达成汇聚，此时节点 A、B 开始在 ch1 上通信。此时，ch1 受到干扰，节点 A、B 通信被打断，节点 A 重新检测所有信道并生成可用信道跳变列表 {2,4,3}，节点 B 同样对信道进行检测生成可用信道跳变列表且仍以接收节点方式进行信道跳变。节点 A 和 B 在 ch3 上再次成功汇聚，继续传输数据。因此，多信道盲汇聚主要包含两个过程，即汇聚过程和数据传输过程。

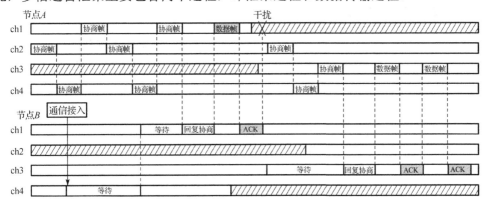

图 10.8　基于盲汇聚动态接入技术的通信过程

10.4.2　多信道盲汇聚通信演示

演示示意图如图 10.9 所示，PC#1 和 PC#2 分别通过交换机驱动 SDR#A 与 SDR#C、SDR#B 与 SDR#D，A 模拟发送节点，B 模拟接收应答节点，两者进行真实的点对点多信道盲汇聚通信，将 SDR#C 与 SDR#D 用作干扰源。定义 5 条信道 ch0、ch1、ch2、ch3、ch4 都可作为数据信道。C 与 D 分别模拟干扰源#1 和干扰源#2。测试过程如下：首先，通过 GUI 开启 A 与 B 在盲汇聚模式下的通信，在图形界面可以看到，A 在自身空闲的数据信道上跳变并发送协商帧，B 则在自身的数据信道上跳变并等待接收

A 的协商帧，最后两者在同一数据信道上达成了汇聚并成功建立连接，然后开始在该信道上发送图片数据。接下来，开启干扰源#1和干扰源#2分别干扰当前使用的数据信道和其他任意一个数据信道，可以观察到 A 和 B 重新回到汇聚状态，在剩余的3个数据信道上进行跳变，并很快建立连接继续传输图片。在数据传输过程中加入了检错和重传机制，因此，因干扰而进行的信道切换不会影响到图片的完整无误传输。

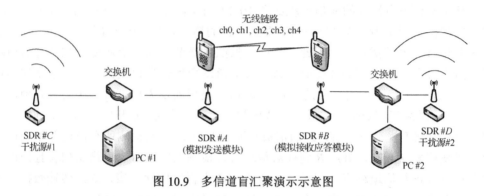

图 10.9　多信道盲汇聚演示示意图

10.4.3　多信道盲汇聚 MAC 性能测试

首先，对多信道盲汇聚的汇聚时间性能进行测试，测试在不同信道数 M 的情形下进行，每次测试结果为 100 次蒙特卡罗实验的均值。测试结果如图 10.10 所示，从图中我们看到，在实际汇聚中，其实际平均汇聚时间 ATTR 总是大于理论汇聚时间，而且随着信道数量的不断增加，实际汇聚时间越来越长。这是由于在实际实现中，汇聚之前节点会对信道进行检测，信道数越多检测时间越长，而且当收发节点开始汇聚时，其中一方有可能处于信道检测阶段，这种情况无疑增加了节点的汇聚时间。

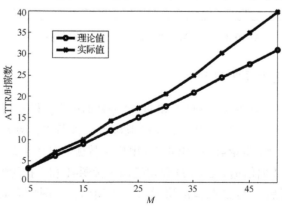

图 10.10　多信道盲汇聚的汇聚时间性能测试

接下来，我们对比了基于控制信道和基于盲汇聚的多信道动态接入方式的性能和特点。图 10.11 为两种动态接入方法随时间变化的归一化吞吐量，其中在 t=10s 时在当前数据传输信道上进行功率干扰，从图 10.11 可以发现，两种动态接入方式都能够很快通过协商和汇聚重新进行数据传输。在 t=18s 时，同时干扰了控制信道频率和当前数据传输信道频率，从图中发现，基于专用控制信道的动态接入方法因无法协商不能重新进行数据传输，而盲汇聚可以通过使用其他信道进行汇聚协商，从而很快恢复了吞吐量，因此，基于盲汇聚的多信道接入机制的抗干扰性能要优于基于控制信道的多信道接入机制。

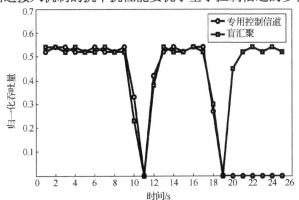

图 10.11　基于控制信道和基于盲汇聚的多信道动态接入吞吐量对比

10.5　总结和展望

自组织多信道网络并不是简单地将原来的自组织网络中的设备升级成支持多信道通信的设备，它需要更灵活的时频域联合的资源优化和调配策略。具体而言，物理层应该具备自适应的信道构建能力(包括频段、带宽自适应)，数据链路层应具备动态接入能力，网络层要有与多信道相适应的路由功能，更重要的是自主决策和管理应贯穿组网的各个层次。在本书中，我们重点介绍了数据链路层以下的内容，对网络层、自组织决策管理等没有进行深入研究，因而也不能进行很好的阐述。当然，这部分内容目前还是完全开放的，特别是近年来人工智能得到飞速发展，当通信设备的计算能力不再是瓶颈时，通信和组网就会有更大的灵活性和发展空间，因而也具有更大的可能性，为研究者提供了更广阔的空间。

自组织多信道网络从底层而言具备频谱捷变能力，从上层而言具备自主决策和组织管理能力，为无线组网模式提供了更大的灵活性，因而也具有更广阔的应用场景，其中有代表性的应用场景包括：大规模机器通信、物联网、高密度 WiFi 和无人系统集群等。自组织多信道网络相关技术本身也在不断发展过程中，其应用模式也会相应地发生变化，希望本书介绍的内容对上述领域的应用和未来研究有所帮助。

参 考 文 献

[1] Sen S, Choudhury R, Nelakuditi S. No time to countdown: Migrating backoff to the frequency domain//Proceedings of International Conference on Mobile Computing and Networking, 2011: 241-252.

[2] Shacham N, King P. Architectures and performance of multi-channel multi-hop packet radio networks. IEEE Journal on Selected Areas of Communication, 1987, 5(6): 1013-1025.

[3] Gupta P, Kumar P R. The capacity of wireless networks. IEEE Transactions on Information Theory, 2000, 46 (2): 388-404.

[4] Kyasanur P, Vaidya N H. Capacity of multichannel wireless networks under the protocol model. IEEE/ACM Transactions on Networking, 2009, 17(2): 43-57.

[5] Garetto M, Salonidis T, Knightly E W. Modeling per-flow throughput and capturing starvation in CSMA multi-hop wireless networks. IEEE/ACM Transactions on Networking, 2008, 16: 864-877.

[6] Kuo J C, Liao W, Hou T C. Impact of node density on throughput and delay scaling in multi-hop wireless networks. IEEE Transactions on Wireless Communications, 2009, 8: 5103-5111.

[7] Daneshgaran F, Laddomada M, Mesiti F. Unsaturated throughput analysis of IEEE 802.11 in presence of non ideal transmission channel and capture effects. IEEE Transactions on Wireless Communications, 2008, 7: 1276-1286.

[8] Zhao H, Garcia E, Wei J, et al. Evaluating the impact of network density, hidden nodes and capture effect for throughput guarantee in multi-hop wireless networks. Ad Hoc Networks, 2013, 11(1): 54-69.

[9] Richard D, Jitendra P, Brian Z. Routing in multi-radio, multi-hop wireless mess networks// Proceedings of ACM MobiCom, 2004: 114-128.

[10] Bahi P, Chandra R, Dunagan J. SSCH: Slotted seeded channel hopping for capacity improvement in IEEE 802.11 ad-hoc wireless networks// Proceedings of International Conference on Mobile Computing and Networking, 2004: 216-230.

[11] So J, Vaidya N H. Multi-channel MAC for Ad hoc networks: Handling multi-channel hidden terminals using a single transceiver//Proceedings of the 5th ACM International Symposium on Mobile Ad Hoc Networking and Computing, 2004.

[12] Kyasanur P, So J, Chereddi C, et al. Multi-channel mesh networks: Challenges and protocols. IEEE Wireless Communications, 2006, 13(2): 30-36.

[13] Maheshwari R, An J, Subramanian P, et al. Adaptive channelization for high data rate wireless

networks. Technical Report, New York: State University of New York, 2009.

[14] Chandra R, Mahajan R, Moscibroda T, et al. A case for adapting channel width in wireless networks. ACM SIGCOMM Computer Communication Review, 2008, 38(4) :135-146.

[15] Tan K, Fang J, Zhang Y, et al. Fine grained channel access in wireless LAN//Proceedings of ACM SIGCOMM, 2011, 40(4): 147-158.

[16] Yang L, Hou W, Cao L, et al. Supporting demanding wireless applications with frequency-agile radios//Proceedings of the USENIX Conference on Networked Systems Design and Implementation, 2010: 5.

[17] Hong S, Mehlman J, Katti S. Picasso: Flexible RF and spectrum slicing. ACM SIGCOMM Computer Communication Review, 2012, 42(4):37.

[18] Chintalapudi K, Radunovic B, Balan V, et al. WiFi-NC: WiFi over narrow channels. Inproceedings, 2012:4.

[19] Yun S, Kim D, Qiu L. Fine-grained spectrum adaptation in WiFi networks//Proceedings of International Conference on Mobile Computing and Networking, 2013: 327-338.

[20] 张少杰. 无线网络中的多信道 MAC 协议和带宽自适应技术研究. 长沙: 国防科技大学, 2012.

[21] Shi C, Zhao H, Zhang S, et al. Traffic-aware channelization medium access control for wireless Ad hoc networks. China Communications, 2013, 10(4): 88-100.

[22] Zhang S, Zhao H, Zhou L, et al. Multi-channel access and channel width adaptation in wireless networks//Proceedings of IEEE International Conference on Computer Communications, 2013.

[23] 魏急波,王杉,赵海涛. 认知无线网络: 关键技术与研究现状. 通信学报, 2011, 32(11): 146-158.

[24] 赵海涛, 王杉, 宋安. 认知无线自组织网络中的可用带宽估计理论和应用. 北京: 科学出版社，2015.

[25] Zhang S, Zhao H, Wang S. Impact of heterogeneous fading channels in power limited cognitive radio networks. IEEE Transactions on Cognitive Communications and Networking, 2018, PP(99):1.

[26] Li J, Zhao H, Wei J, et al. Sender-jump receiver-wait: A simple blind rendezvous algorithm for distributed cognitive radio networks. IEEE Transactions on Mobile Computing, 2018, 17(1): 183-196.

[27] Zhang S, Hafid A S, Zhao H, et al. Cross-layer rethink on sensing-throughput tradeoff for multi-channel cognitive radio networks. IEEE Transactions on Wireless Communication, 2016, 15(10): 6883-6897.

[28] Zhao H, Wei J, Sarkar N I, et al. E-MAC: An evolutionary solution for collision avoidance in wireless Ad hoc networks. Journal of Network and Computer Applications, 2016, 65: 1-11.

[29] Zhao H, Garcia E, Wei J, et al. Distributed resource management and admission control in wireless Ad hoc networks: A practical approach. IET Communications, 2012, 6(8): 883-888.

[30] Zhao H, Ding K, Sarkar N I, et al. A simple distributed channel allocation algorithm for D2D communication pairs. IEEE Transactions on Vehicular Technology, 2018, DOI: 10.1109/TVT. 2018.2865817.

[31] Zhao H, Garcia E, Wei J, et al. Accurate available bandwidth estimation in IEEE 802.11-based Ad hoc networks. Computer Communications, 2009, 32(6): 1050-1057.

[32] 刘少阳, 赵海涛, 魏急波, 等. 多跳无线网络中路径端到端容量的准确计算. 软件学报, 2013, 24(1):164-174.

[33] 宋安, 赵海涛, 王杉, 等. 提供 QoS 保障的无线多跳路径可用带宽估计模型与方法. 电子与信息学报, 2012, 32(4): 818-824.

[34] 赵海涛, 王杉, 魏急波, 等. 多跳无线网络中基于模型的可用带宽预测. 中国科学: 信息科学, 2011, 41(5): 592-604.

[35] 曹勇. 多信道自组织网络容量和路由协议研究. 西安: 西安电子科技大学, 2008.

[36] Pradeep K, Nitin H V. Capacity of multichannel wireless networks: Impact of channels, interfaces, and interface switching delay. Technical Report, Urbana-Champaign: University of Illinois, 2006.

[37] Pradeep K. Multichannel wireless networks: Capacity and protocols. Technical Report, Urbana-Champaign: University of Illinois, 2006.

[38] 吴功宜. 计算机网络高级教程. 北京: 清华大学出版社, 2007.

[39] 谢希仁. 计算机网络. 北京: 电子工业出版社, 2003.

[40] 英春, 史美林. 自组网体系结构研究. 通信学报, 1999, 20(9): 47-54.

[41] Law K L E, Hung W C. MAC design for interference issues in multi-channel wireless mesh networks//Proceedings of the IEEE International Conference on Communications, 2010: 1-6.

[42] Cormio C, Camarda P, Boggia G. A multi-channel multi-interface MAC for collision-free communication in wireless Ad hoc networks//Proceedings of Wireless Conference, 2010: 306-313.

[43] Lo S C. Design of multichannel MAC protocols for wireless Ad hoc networks. International Journal of Network Management, 2009, 19(5): 399-413.

[44] Mo J, Wilson S H, Walrand J. Comparison of multichannel MAC protocols. IEEE Transactions on Mobile Computing, 2008, 7(1): 50-65.

[45] Wu S L, Lin C Y, Tseng Y C. A new multi-channel MAC protocol with on-demand channel assignment for multi-hop mobile Ad hoc networks//Proceedings of the International Symposium on Parallel Architectures, Algorithms and Networks, 2000: 232-237.

[46] Jain N, Das S R, Nasipuri A. A multichannel CSMA MAC protocol with receiver-based

channel selection for multihop wireless networks. Computer Communications and Networks, 2001: 15-17.

[47] Hung W C, Law K L E, Leon-Garcia A. A dynamic multi-channel MAC for Ad hoc LAN//Proceedings of the 21st Biennial Symposium on Communications,2002.

[48] Choi N, Seok Y, Choi Y. Multi-channel MAC protocol for mobile Ad hoc networks//Proceedings of the IEEE Vehicular Technology Conference, 2003: 1379-1382.

[49] Chen J H, Chen Y D. AMNP: Ad hoc multichannel negotiation protocol for multihop mobile wireless networks//Proceedings of the IEEE International Conference on Communication,2004: 3607-3612.

[50] Kuang T, Williamson C. A bidirectional multi-channel MAC protocol for improving TCP performance on multihop wireless Ad hoc networks//Proceedings of the ACM International Symposium on Modeling, Analysis and Simulation of Wireless and Mobile Systems, 2004: 301-310.

[51] Chang C Y, Sun H C, Hsieh C C. MCDA: An efficient multi-channel MAC protocol for 802.11 wireless LAN with directional antenna//Proceedings of the International Conference on Advanced Information Networking and Applications, 2005: 64-67.

[52] Koubaa H. Fairness-enhanced multiple control channels MAC for Ad hoc networks//Proceedings of the IEEE Vehicular Technology Conference, 2005: 1504-1508.

[53] Chen J, Sheu S T, Yang C. A new multi-channel access protocol for IEEE 802.11 Ad hoc wireless LANs. Personal, Indoor and Mobile Radio Communications, 2003, 3: 2291-2296.

[54] Tang Z, Garcia-Luna-Aceves J. Hop-reservation multiple access (HRMA) for Ad hoc networks //Proceedings of the IEEE International Conference on Computer Communications and Networks, 1998: 388-395.

[55] Kyasanur P, Vaidya N H. Routing and interface assignment in multi-channel multi-interface wireless networks//Proceedings of the IEEE Wireless Communications and Networking Conference, 2005: 2051-2056.

[56] Pathmasuntharam J S, Das A, Gupta A K. Primary channel assignment based MAC (PCAM) - A multi-channel MAC protocol for multi-hop wireless networks//Proceedings of the IEEE Wireless Communications and Networking Conference, 2004: 21-25.

[57] Maheshwari R, Gupta H, Das S R. Multichannel MAC protocols for wireless networks//Proceedings of the IEEE Conference on Sensor, Mesh and Ad Hoc Communications and Networks, 2006: 393-401.

[58] Navda V, Bohra A, Ganguly S, et al. Using channel hopping to increase 802.11 resilience to jamming attacks//Proceedings of the 26th IEEE International Conference on Computer Communications, 2007:2526-2530.

[59] So H W, Walrand J. McMAC: A multi-channel MAC proposal for Ad hoc wireless networks. Technical Report, 2005.

[60] Hsu S H, Hsu C C, Lin S S, et al. A multi-channel MAC protocol using maximal matching for Ad hoc networks//Proceedings of the International Conference on Distributed Computing Systems Workshops, 2004: 505-510.

[61] 马明辉. 无线自组织网络路由协议研究. 北京: 北京邮电大学, 2007.

[62] Stojmenovic I, Seddigh M, Zunie J. Dominating sets and neighbor elimination based broadcasting algorithms in wireless networks. IEEE Transactions on Parallel and Distributed Systems, 2002, 13(1):14-25.

[63] Draves R, Padhye J, Zill B. Routing in multi-radio, multi-hop wireless mesh networks// Proceedings of International Conference on Mobile Computing and Networking, 2004: 114-128.

[64] Kyasanur P, Vaidya N H. Routing and link-layer protocols for multi-channel multi-interface Ad hoc wireless networks. SIGMOBILE Mobile Computing and Communications Review, 2006: 31-43.

[65] Gong X M, Midkiff S F, Mao S. A cross-layer approach to channel assignment in wireless Ad hoc networks. Mobile Networks and Applications, 2006, 12(1): 43-56.

[66] Li J, Zhang D. M&M: Amulti-channel MAC protocol with multiple channel reservation for wireless sensor networks//Proceedings of International Conference on Cyber-Enabled Distributed Computing and Knowledge Discovery, 2010: 113-120.

[67] Carvalho C B, Rezenda J F D. Routing in IEEE 802.11 wireless mesh networks with channel width adaptation//Proceedings of the 9th IFIP Annual Ad Hoc Networking Workshop, 2010: 1-8.

[68] Liu C Q, Wang Z M, Song H M. Design on common control channel of MAC protocol of cognitive radio networks//Proceedings of International Conference on Electrical and Control Engineering, 2010: 3621-3624.

[69] So P K J, Chereddi C, Vaidya N H. Multichannel mesh networks: Challenges and protocols. IEEE Wireless Communications, 2006: 30-36.

[70] Choudhury R R, Vaidya N H. Deafness: A MAC problem in Ad hoc networks when using directional antennas//Proceedings of the 12th IEEE International Conference on Network Protocols, 2004: 283-292.

[71] Haas Z J, Jing D. Dual busy tone multiple access(DBTMA): A multiple access control scheme for Ad hoc networks. IEEE Transactions on Communications, 2002: 975-985.

[72] Monks J P, Bharghavan V, Hwu W M W. A power controlled multiple access protocol for wireless packet networks//Proceedings of the 20th Annual Joint Conference of the IEEE Computer and Communications Societies, 2001: 219-228.

[73] Baowei J. Asynchronous busy-tone multiple access with acknowledgement(ABTMA/ACK) for Ad hoc wireless networks//Proceedings of Global Telecommunications Conference, 2006: 6: 3642-3647.

[74] Wang P, Zhuang W H. An improved busy-tone solution for collision avoidance in wireless Ad hoc networks//Proceedings of IEEE International Conference on Communications, 2006, 8: 3802-3807.

[75] 李銮. 无线自组织网 MAC 层协议关键技术的研究. 上海: 上海交通大学, 2007.

[76] Wireless LAN Medium Access Control (MAC) and Physical Layer (PHY) Specifications-Amendment 6: Wireless Access in Vehicular Environments, 2010.

[77] Trial-Use Standard for Wireless Access in Vehicular Environments(WAVE): Multi-channel Operation, 2006.

[78] Wang Q, Leng S, Fu H, et al. An IEEE 802.11p-based multichannel MAC scheme with channel coordination for vehicular Ad hoc networks. IEEE Transactions on Intelligent Transportation Systems, 2012, 13(2): 449-458.

[79] Zhang S, Hafid A, Zhao H, et al. A cross-layer aware joint design of sensing and frame durations in cognitive radio networks. IET Communications, 2016,10(9): 1111-1120.

[80] Malone D, Clifford P, Leith D J. MAC layer channel quality measurement in 802.11. IEEE Communication Letters, 2007, 11(2):143-145.

[81] Bianchi G, Tinnirello I. Kalman filter estimation of the number of competing terminals in an IEEE 802.11 network//Proceedings of IEEE International Conference on Computer Communications, 2003, 2(1):844-852.

[82] Welch G, Bishop G. An introduction to the Kalman filter. Technical Report, Chapel Hill: University of North Carolina, 2006.

[83] Gustafsson F. Adaptive Filtering and Change Detection.West Sussex: John Wiley & Sons, 2000.

[84] Lin Z, Liu H, Chu X, et al. Jump-stay based channel hopping algorithm with guaranteed rendezvous for cognitive radio networks//Proceedings of IEEE International Conference on Computer Communications, 2011: 2444-2452.

[85] Liu H, Lin Z, Chu X, et al. Jump-stay rendezvous algorithm for cognitive radio networks. IEEE Transactions on Parallel and Distributed Systems, 2012, 23(10): 1867-1881.

[86] Bian K, Park J. Maximizing rendezvous diversity in rendezvous protocols for decentralized cognitive radio networks. IEEE Transactions on Mobile Computers, 2013, 12(7): 1294-1307.

[87] Chuang I H, Wu H Y, Lee K R, et al. Alternate hop-and-wait channel rendezvous method for cognitive radio networks//Proceedings of IEEE International Conference on Computer Communications, 2013: 746-754.

[88] Liu H, Lin Z, Chu X, et al. Ring-walk based channel hopping algorithms with guaranteed rendezvous for cognitive radio networks//Proceedings of IEEE/ACM International Conference on Green Computing and Communications and International Conference on Cyber, Physical and Social Computing, 2010: 755-760.

[89] Wang X D, Wang H. A novel random access mechanism for OFDMA wireless networks//Proceedings of 2010 IEEE Global Telecommunications Conference, 2010: 1-5.

[90] Dong R P, Ouzzif M, Saoudi S. A two-dimension opportunistic CSMA/CA protocol for OFDMA-based in-home PLC networks//Proceedings of 2011 IEEE International Conference on Communications, 2011: 1-6.

[91] Hojoong K, Hanbyul S, Seonwook K, et al. Generalized CSMA/CA for OFDMA systems: Protocol design, throughput analysis and implementation issues. IEEE Transactions on Wireless Communications, 2009, 8(8): 4176-4187.

[92] Hojoong K, Seonwook K, Byeong L. Opportunistic multi-channel CSMA protocol for OFDMA systems. IEEE Transactions on Wireless Communications, 2010, 9(5):1552-1557.

[93] Park J, Pawelczak P, Gronsund P, et al. Analysis framework for opportunistic spectrum OFDMA and its application to IEEE 802.22 standard. IEEE Transactions on Vehicular Technology, 2012, PP(99):1.

[94] Yaacoub E, Al-Alaoui M A, Dawy Z. Novel time-frequency reservation Aloha scheme for OFDMA systems//Proceedings of 2011 IEEE Wireless Communications and Networking Conference, 2011: 7-12.

[95] Zhao H, Zhang S, Garcia E. Cross-layer framework for fine-grained channel access in next generation high-density WiFi networks. China Communications, 2016, 13(2): 55-67.

[96] Hu Z, Zhu G, Xia Y, et al. Adaptive subcarrier and bit allocation for multiuser MIMO-OFDM transmission. IEEE Journal on Selected Areas in Communication, 1999, 17: 1747-1756.

[97] Chung S T, Goldsmith A. Degrees of freedom in adaptive modulation: A unified view. IEEE Transactions on Communications, 2001, 49:1561-1571.

[98] Bianchi G. Performance analysis of the IEEE 802.11 distributed coordination function. IEEE Journal on Selected Areas in Communications, 2000, 18(3): 535-547.

[99] Saifullah A, Xu Y, Lu C, et al. Distributed channel allocation protocols for wireless sensor networks. IEEE Transactions on Parallel and Distributed Systems, 2014, 25(9):2264-2274.

[100] Zhao H, Zhang S, Wei J, et al. Channel width adaptation and access in high-density WiFi networks//Proceedings of IEEE Symposium on General Assembly and Scientific Symposium, 2014:1-4.

[101] Saaty L. Decision making the analytic hierarchy and network processes (AHP/ANP). Journal of Systems Science and Systems Engineering, 2004, 13(1): 1-35.

[102] Zhang L. Multi-Attribute Decision Making. Dordrecht: Springer, 2014.

[103] Chockalingam A, Dietrich P, Milstein L B, et al. Performance of closed-loop power control in DS-CDMA cellular systems. IEEE Transactions on Vehicular Technology, 1998, 47(3): 774-789.

[104] Tavakoli R, Nabi M, Basten T, et al. Enhanced time-slotted channel hopping in WSNs using

non-intrusive channel-quality estimation//Proceedings of IEEE International Conference on Mobile Ad Hoc and Sensor Systems, 2015: 217-225.

[105] Lv B, Wu M, Wen J, et al. A mixed strategy-based mechanism for multi-rate multi-channel allocation in wireless networks//Proceedings of Vehicular Technology Conference, 2013, 14(2382): 1-5.

[106] Karowski N, Viana A, Wolisz A. Optimized asynchronous multi-channel neighbor discovery//Proceedings of IEEE Global Communications Conference, 2011: 1-5.

[107] Katiyar P, Rajawt K. Channel-aware medium access control in multichannel cognitive radio networks. IEEE Communications Letters, 2015, 19 (10): 1710-1713.

[108] Li J, Luo T, Gao J, et al. A MAC protocol for link maintenance in multichannel cognitive radio Ad hoc networks. Journal of Communications and Networks, 2015, 17(2): 172-183.

[109] Jeon W, Han A, Jeong D. A novel MAC scheme for multichannel cognitive radio Ad hoc networks. IEEE Transactions on Mobile Computing, 2012, 11(6): 922-934.

[110] Kim H, Shin K. Optimal online sensing sequence in multichannel cognitive radio networks. IEEE Transactions on Mobile Computing, 2013, 12(7): 1349-1362.

[111] Fan R, Jiang H, Guo Q, et al. Joint optimal cooperative sensing and resource allocation in multichannel cognitive radio networks. IEEE Transactions on Vehicular Technology, 2011, 60(2): 722-729.

[112] Chen Q, Motani M, Wong W, et al. Opportunistic spectrum access protocol for cognitive radio networks//Proceedings of IEEE International Conference on Communications, 2011: 56-61.

[113] Hu S, Yao Y, Yang Z. Cognitive medium access control protocols for secondary users sharing a common channel with time division multiple access primary users. Wireless Communications and Mobile Computing, 2014, 14(2): 284-296.

[114] Li X, Liu H, Roy S, et al. Throughput analysis for a multi-user, multi-channel ALO-HA cognitive radio system. IEEE Transactions on Wireless Communications, 2012, 11 (11): 3900-3909.

[115] Jafarian J, Hamdi K. Non-cooperative double-threshold sensing scheme: A sensing-throughput tradeoff//Proceedings of IEEE Wireless Communications and Networks Conference, 2013: 3376-3381.

[116] Kumar S, Shende N, Murthy C, et al. Throughput analysis of primary and secondary networks in a shared IEEE 802.11 system. IEEE Transactions on Wireless Communications, 2013, 12(3): 1006-1017.

[117] Debroy S, De S, Chatterjee M. Contention based multichannel MAC protocol for distributed cognitive radio networks. IEEE Transactions on Mobile Computing, 2014, 13(12): 2749-2762.

彩 图

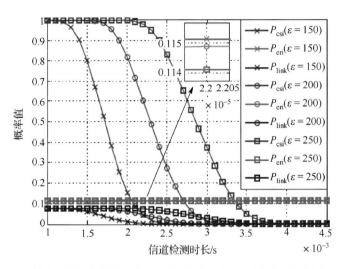

图 5.34 检测时长与信道接入概率、汇聚信息交互概率和建链概率的关系

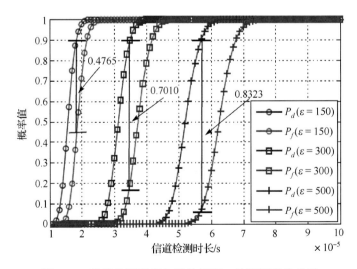

图 5.35 信道检测时长与错检概率、检测概率的关系

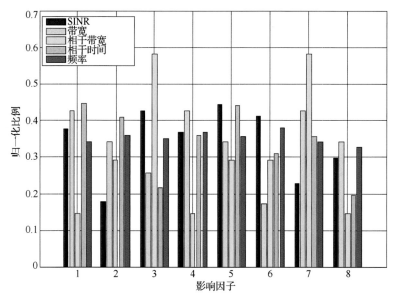

图 7.3　归一化信道影响因子参数设计

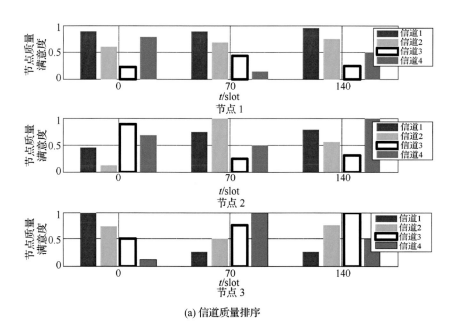

(a) 信道质量排序

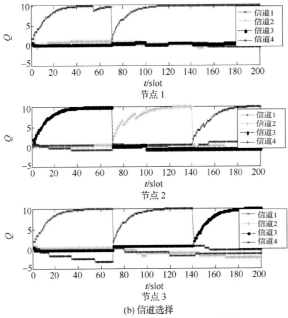

(b) 信道选择

图 7.7 基于信道质量排序的信道分配

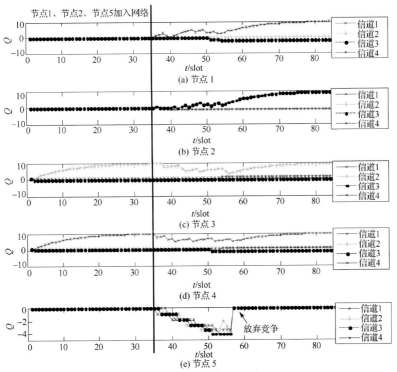

图 7.8 新节点加入网络

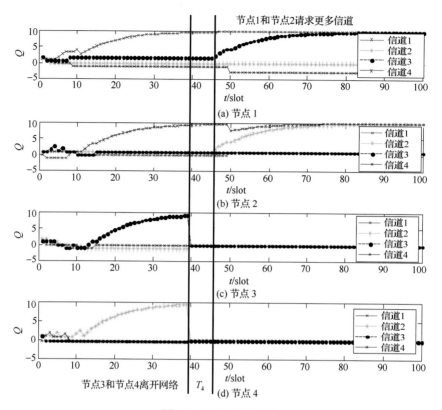

图 7.9　节点离开网络

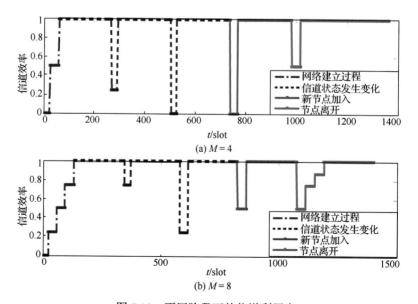

图 7.10　不同阶段下的信道利用率

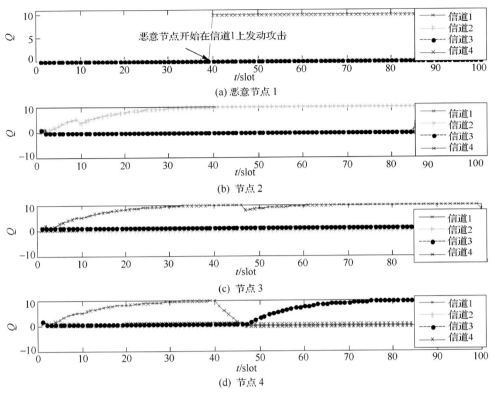

图 7.11　恶意节点攻击信道

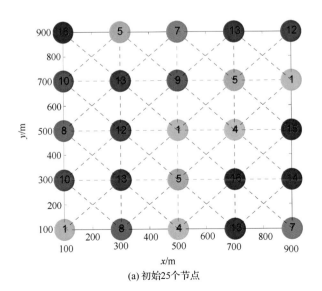

(a) 初始25个节点

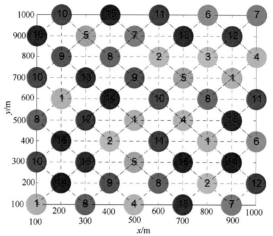

(b) 25个节点在第5个时隙加入网络

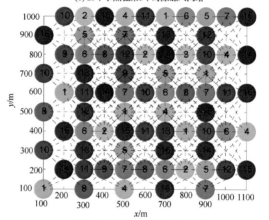

(c) 另外25个节点在第20个时隙加入网络

图 8.11 网络拓扑结构

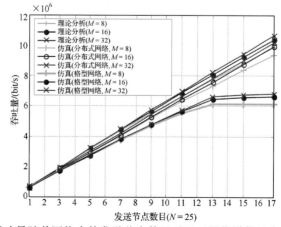

图 8.15 吞吐量随着网络中的发送节点数目以及可用信道数目变化的示意图

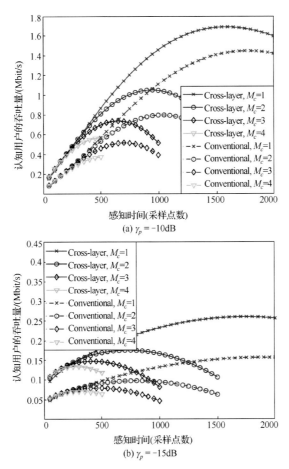

(a) $\gamma_p = -10\text{dB}$

(b) $\gamma_p = -15\text{dB}$

图 9.4　时隙 Aloha 协议下认知用户吞吐量随感知时间变化的曲线

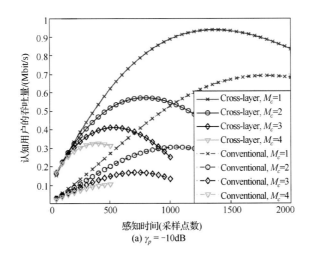

(a) $\gamma_p = -10\text{dB}$

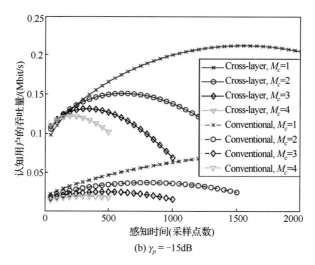

(b) $\gamma_p = -15\text{dB}$

图 9.5 时隙 DCF 协议下认知用户吞吐量随感知时间变化的曲线